세계를 움직인
과학의 고전들

SEKAI GA WAKARU RIKEI NO MEICHO
Copyright ⓒ 2009 by Kamata Hiroki
All rights reserved.
First original Japanese edition published by Bungei Shunju Ltd., Japan 2009.
Korean translation rights in Korea reserved by Bookie Publishing House, Inc.
under the license granted by Kamata Hiroki, Japan arranged with
Bungei Shunju Ltd., Japan through Korea Copyright Center, Inc., Korea.

이 책은 (주)한국저작권센터(KCC)를 통한 저작권자와의 독점계약으로
부키(주)에서 출간되었습니다.
저작권법에 의해 한국 내에서 보호를 받는 저작물이므로 무단전재와 복제를 금합니다.

세계를 움직인
과학의 고전들

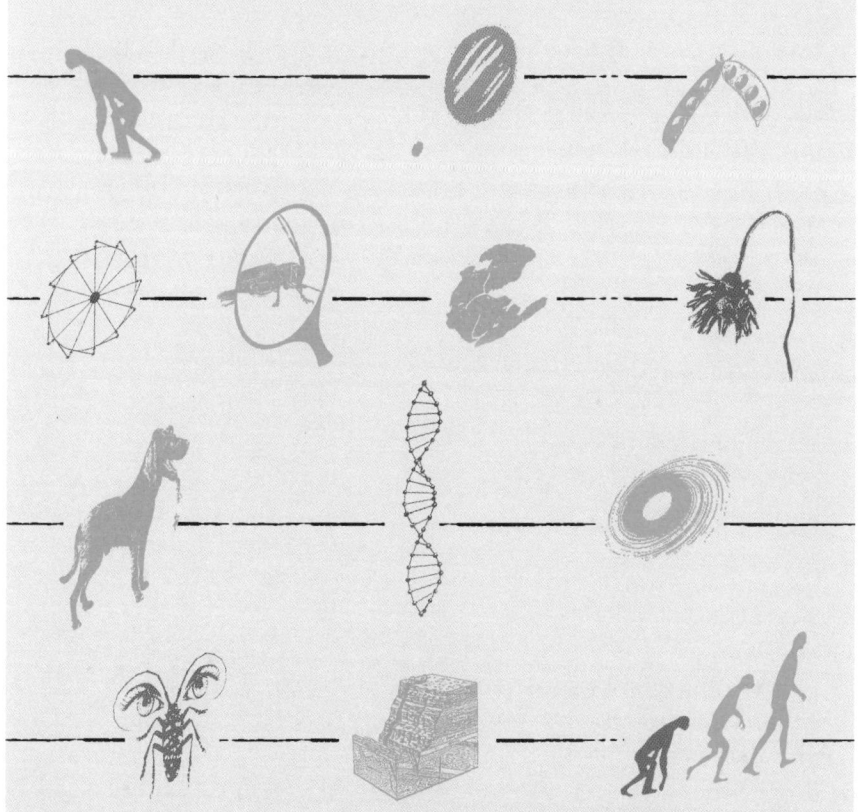

가마타 히로키 지음 | 정숙영 옮김 | 이정모 감수

부·키

지은이 가마타 히로키(鎌田活毅)는 도쿄대학 이학부에서 화산학을 전공하고 1997년부터 교토대학 대학원 인문환경학과에서 학생들을 가르치고 있다. 교토대 학생들이 뽑은 '가장 수업 받고 싶은 교수' 1위에 빛나는 명물 교수로, 1996년에 일본 지질학회 논문상을 수상한 바 있다. 쓴 책으로 『화산은 대단하다』, 『화산 분화』, 『후지산 분화』, 『마그마의 지구과학』 등이 있다.

옮긴이 정숙영은 중앙대 광고홍보학과를 졸업하고 2002년과 2003년에 얼결에 떠난 두 번의 유럽 배낭여행을 계기로 여행 전문 작가가 되었다. 쓴 책으로 『사바이 인도차이나』, 『무규칙 유럽여행』, 『노플랜 사차원 유럽여행』, 『런던나비』, 『도쿄만담』 등이 있다. 현재 여행 전문 작가 및 번역가로 활동하고 있다.

감수 및 집필 이정모는 연세대학교 생화학과를 졸업하고 같은 학교 대학원에서 석사 학위를 받았다. 독일 본대학교 화학과에서 '곤충과 식물의 커뮤니케이션'에 관해 연구했고, 안양대학교 교양학부 교수를 지냈으며, 서울 서대문자연사박물관장으로 일했다. 지은 책은 『공생, 멸종, 진화』, 『그리스 로마 신화 사이언스』, 『삼국지 사이언스』(공저), 『과학하고 앉아 있네 1,2』(공저), 『해리포터 사이언스』(공저), 『유전자에 특허를 내겠다고?』 등이 있고, 옮긴 책은 『눈이 뱅뱅 뇌가 빙빙』, 『제이크의 뼈 박물관』, 『인간 이력서』, 『바이러스 빌리』가 있다. 현재 서울시립과학관장으로 일하며 강연과 저술 활동을 하고 있다. (이 책 『세계를 움직인 과학의 고전들』에서는 '함께 읽으면 좋은 책들' 부분을 집필했다.)

세계를 움직인 과학의 고전들

2010년 9월 15일 초판 1쇄 발행
2022년 10월 1일 초판 7쇄 발행

지은이 가마타 히로키
옮긴이 정숙영
감수 및 집필 이정모
펴낸곳 부키(주)
펴낸이 박윤우
등록일 2012년 9월 27일 등록번호 제312-2012-000045호
주소 03745 서울 서대문구 신촌로3길 15 산성빌딩 6층
전화 02) 325-0846
팩스 02) 3141-4066
홈페이지 www.bookie.co.kr
이메일 webmaster@bookie.co.kr
제작대행 올인피앤비 bobys1@nate.com
ISBN 978-89-6051-106-4 03400

책값은 뒤표지에 있습니다.
잘못된 책은 구입하신 서점에서 바꿔 드립니다.

"인간은 지극히 평범한 별에 딸린 작은 행성에 사는
제법 진화한 원숭이에 불과하다.
하지만 인간은 우주를 이해한다.
그래서 너무나 특별하다."

스티븐 호킹

차례

여는 글 열네 권의 과학 고전 8

───────── 생명을 이야기하는 책 ─────────

1 생물학의 울타리를 뛰어넘어 진화론 사상으로
종의 기원 13

2 전 세계의 모든 어린이들이 탐독하는
곤충기 30

3 "나는 내 과학 연구에 아주 만족하고 있다"
식물의 잡종에 관한 실험 44

4 노벨상을 쟁취하기 위한 과학자들의 욕망과 경쟁
이중나선 61

───────── 환경과 인간을 생각하는 책 ─────────

5 생물학의 새로운 세계를 개척하다
생물로부터 본 세계 83

6 마음 현상을 물질의 변화로 설명하다
대뇌 양 반구의 작용에 관한 강의 99

7 지구의 미래를 생각하는 과학으로
침묵의 봄 114

―――― 인간을 둘러싼 물리를 탐구하는 책 ――――

8 목성의 네 번째 위성으로 지동설을 증거하다
시데레우스 눈치우스 133

9 눈앞의 힘이 아닌 자연계에 존재하는 힘
프린키피아 152

10 시간은 늘었다 줄었다 하고, 시공은 일그러지고
상대성 이론 167

11 지금 이 순간에도 우주는 팽창하고 있다
성운의 세계 190

―――― 지구의 신비를 밝히는 책 ――――

12 고대 로마의 백과사전
자연사 211

13 지구의 역사와 메커니즘을 설명하다
지질학 원리 225

14 그린란드의 빙산에서 대륙이동설을 떠올리다
대륙과 대양의 기원 240

닫는 글 과학책 속 과학자의 청춘 254

― 여는 글 ―

열네 권의 과학 고전

세상에는 고전으로 불리는 책이 수없이 많은데, 그중에서도 특히 과학 분야 고전들에는 위대한 과학자들이 현대 문명의 기초를 다져 왔다는 증거가 또렷하게 새겨져 있다.

　이 고전들 중에는 세간에서 격렬한 공격을 받은 것도 적지 않다. 그러나 해를 거듭할수록 새로운 관점의 발견이라 평가받았고, 마침내는 오늘날과 같은 부동의 지위를 얻게 되었다. 시대가 바뀔 때 주요한 역할을 했기 때문이다.

　이 책에서는 그러한 역할을 한 과학 고전 가운데 열네 권을 추려서 과학의 본질과 내용을 쉽게 풀어 보았다. 과학자들의 연구와 발견이 어떻게 세계를 움직였는지, 즉 당대에는 어느 정도의 영향을 미치고 현대의 우리들에게는 삶에서 어떤 도움이 되고 있는지를 알기 쉽게 엮어 보려고 노력했다. 또 이러한 과학 고전들의 역사적인 자리매김과 더불어 과학사뿐만 아니라 사상적, 철학사적 관점에서 그 의의를 설명하며, 어떠한 배경으로 그 책들이 등장할 수 있었는가에 대해 서술했다. 구체적으로는 과학자와 과학책 소개, 관련 에피소드, 그 책이 세상에 미친 영향 등에 대해 썼으며 과학책의 핵심 내용도 일부 발췌하여 보여 주었다. 그리고 일종의 쉬어 가는 페이지로 칼럼과 '함께 읽으면 좋은 책들'* 에 대한 소개를 따로 붙여서 현대 과학책들을 둘러볼 수 있도록 하였다. 현대 과학이 무엇을 지향하는지, 어떤 책들이 시중에 나와 있는지 독자들에게 알려 주고 싶었다. 현대 과학이 어떠한 것인지 엿볼 수 있는 좋은 기회가 될 것이다.

여기서 소개할 과학 고전들은 아마 많은 이들이 제목은 들어 봤지만 읽어 본 적은 없는 것들이 대부분일 것이다. 나는 각각의 과학책에서 핵심이 되는 내용을 현대의 말과 글로 풀면서 현대인에게 도움이 되는 내용을 집어냈다. 책을 읽을 때는 단순히 지식을 늘리는 것에 그치지 말고, 행간 사이사이 첩첩이 쌓여 있는 선인들의 지혜를 어떻게 하면 실생활에 녹여 사용할 수 있을까에 대해서도 생각해 보기를 바란다. 과학적인 사고방식의 근간을 알아 두면, 어지러울 정도로 빠르게 변화하는 현대 과학 기술에 휘둘리지 않고 살아갈 수 있는 방법을 익힐 수 있을 것이다. 또 과학적인 사고법의 근간이라 할 진리는 그 수가 많지 않으니 어렵지 않게 익힐 수 있을 것이다.

고전이란 단순히 오래된 무생물 같은 존재가 아니다. 이 책에 기술되어 있는 과학의 핵심을 잘 이해해 두면, 이후로는 세계의 기본 구조

---

* 원서에서는 일본 내 책들을 중심으로 소개하고 있어서, 이 책에서는 감수를 맡기도 한 이정모가 국내에 출간되어 있는 책 중에서 함께 읽으면 좋은 과학책들을 찾아 그 내용과 관련 에피소드를 간략히 소개하였다.

도 쉽게 이해할 수 있을 것이다. 현재를 현명하게 살아가기 위해서 과학 고전들이 담고 있는 지혜로 눈을 돌려 보자.

이 책이 지금까지 마냥 높고 멀게만 느껴졌던 과학의 고전들과 좀 더 친숙해질 수 있는 기회가 되면 좋겠다. 아울러 이 책에서 우리가 살면서 부닥치는 여러 문제에 대한 해결의 실마리를 찾을 수 있으면 좋겠다. 모쪼록 이 책이 독자 여러분들을 21세기 과학적 상식과 사고법의 물길로 친절히 인도하는 뱃사공이 되었으면 하는 바람이다.

그러면 지금부터 세계를 변화시킨 위대한 과학자들의 작품을 한 권, 한 권 만나 보자.

생명을 이야기하는 책

『종의 기원』
The Origin of Species

『곤충기』
Souvenirs Entomologiques

『식물의 잡종에 관한 실험』
Versucheüber Pflanzen-Hybriden

『이중나선』
The Double Helix

I
생물학의 울타리를 뛰어넘어 진화론 사상으로
종의 기원
The Origin of Species

노예 폐지를 학문적으로 주장한 다윈

영국의 생물학자 찰스 다윈Charles Darwin(1809~1882)은 런던에서 열차로 세 시간 정도 떨어진 곳에 위치한 슈롭셔에서 태어났다. 그의 아버지는 유명한 의사였고 어머니는 도자기로 유명한 웨지우드 가문 출신이었다.

유복하고 지적인 가정에서 자유롭게 자란 다윈은 어린 시절 유명한 개구쟁이였다고 한다. 초등학교 때에는 식물이나 곤충 채집에는 열성을 보였으나 라틴어나 그리스어처럼 끈기가 필요한 공부는 형편없었다. 평소 엄격했던 그의 아버지는 다윈이 법률가가 되기를 바랐으나 이내 포기하고 말았다. 자연에서 노는 데는 일가견이 있었지만, 책상

머리에 앉아서 착실하게 공부하는 것에는 전혀 관심을 보이지 않았기 때문이다.

그 후 세월은 흘러 다윈은 에든버러 대학에서 의학 공부를 시작한다. 그러나 수술실에서 도망 나오는 바람에 학업을 중단하고 만다. 집이며 땅, 평생 먹고살 수 있는 넉넉한 재산이 있다는 사실을 뻔히 알고 있던 다윈에게 굳이 흥미도 없는 의학 공부를 계속할 이유가 없던 것이다. 몹시 난감해하던 그의 아버지는 다윈을 성공회 신부로 만들기 위해 케임브리지 대학에 입학시킨다.

그런데 케임브리지 대학 입학 후 다윈은 모두가 놀랄 정도로 총기聰氣를 발하기 시작한다. 그는 이곳에서 박물학자 존 헨슬로John Henslow(1796~1861)와 운명적으로 조우하게 된다. 야외 생물 채집에 이상하리만치 흥미를 보였던 그는 "늘 헨슬로 교수와 함께 산책하는 남자"라는 별명을 얻을 정도로 열심히 박물학natural history(자연물의 성질과 생태 등을 연구하는 학문으로, 현재는 '자연사'라는 명칭으로 더 많이 불린다-옮긴이)을 공부하기 시작한다. 다윈과 같은 성정을 가진 사람에게는 기존의 주입식 교육이 잘 맞지 않는다는 것을 보여 주는 예라고도 할 수 있겠지만, 역으로 이러한 사람은 일단 흥미만 생기면 아무리 많은 노력과 끈기를 요할지라도 일을 잘 해낼 수 있다는 반증도 된다.

이 무렵 청년 다윈은 우수한 박물학자였던 조부 이래즈머스 다윈Erasmus Darwin(1731~1802)이 동물 진화에 관해 쓴 『주노미아Zoonomia』를 비롯해 장 바티스트 라마르크Jean-Baptiste Lamarck(1744~1829, 용불용설을 주장한 프랑스의 동물학자-옮긴이)의 『동물철학Philosophie Zoologique』까지 모두 독파해 버린다.

다윈은 스물두 살에 대학을 졸업한 뒤 운 좋게 영국 해군의 측량함 비글호에 승선하게 된다. 여기에는 헨슬로 교수의 노력과 더불어 다윈이 좋은 집안 출신이었다는 사실이 크게 작용했다. 비글호 항해 중 다윈은 지질학자인 찰스 라이엘Charles Lyell(1797~1875)이 쓴 『지질학 원리The Principles of Geology』를 구석구석까지 꼼꼼히 읽어 자신의 지식으로 만드는데, 이는 향후 그의 인생행로에 결정적인 영향을 미친다.

다윈은 이 항해로 머나먼 남반구 땅까지 발을 내딛게 되고, 그곳에서만 서식하고 있던 동식물을 포함해 유럽과는 아주 다른 형태를 띠고 있는 지질을 자세히 관찰할 기회를 얻는다. 그리고 거기서 얻은 방대한 관찰 결과를 토대로 『일지와 관찰Journal and Remarks』(1839)을 출간하는데, 다행히 당대의 대학자 알렉산더 폰 훔볼트Alexander von Humboldt(1769~1859, 독일의 지리학자이자 자연과학자로 철학자 빌헬름 폰 훔볼트의 동생-옮긴이)로부터 높은 평가를 받는다. 이 책은 나중에 『비글호 항해기The Voyage of the Beagle』라는 제목으로 다시 출간된다.

『산호초의 구조와 분포The Structure and Distribution of Coral Reefs』(1842), 『화산제도의 지질학적 관찰Geological Observation on the volcanic Islands』(1844) 등 굵직한 저작물들을 잇달아 발표했던 것도 이즈음이다. 완연한 학자로 변모한 다윈은 학계에서도 확고부동한 명성을 날렸다. 그리고 50세가 되자 그때까지 그가 쌓은 지식과 연구 결과를 집대성한 『종의 기원The Origin of Species』을 세상에 내놓는다. 『종의 기원』에서 그가 전개한 주장은 후에 생물학이라는 학문의 울타리를 뛰어넘어 전 세계를 뒤흔드는 진화론 사상으로 발전한다.

그가 『인류의 유래The Descent of Man』를 통해 문명이란 인류의 진화가 극에 치달은 것이라 주장한 것, 그리고 훗날 노예 폐지론을 주장한 것도 주목할 만한 가치가 있다. 그는 인간이 인간을 사고파는 것이나 타인의 자유를 함부로 빼앗는 것은 인류가 가장 부끄러워해야 할 일이라고 생각했다. 영국이 노예 폐지를 결정했을 때 다윈은 무척 기뻐했다고 한다.

다윈은 73세로 파란만장한 그의 삶을 마감했다.

생물 진화의 핵심을 논하다

생물은 끊임없이 번식하면서 개체 수를 늘려 나간다. 그 결과 개체 수가 너무 늘어나 과밀한 상태에 다다르면, 먹을거리나 살 집을 뺏기 위한 다툼이 일어난다. 이른바 '생존경쟁'은 어떤 종에서든 피할 수 없는 현실이 된다. 또 생물을 둘러싼 환경이 변하면, 그 적응 여부에 따라 살아남는 것과 죽어 버리는 것이 결정된다. 새로운 환경에 적응한 개체는 살아남고, 그렇지 못한 개체는 사멸하는 것이다.

이런 과정이 몇 세대에 걸쳐 계속되면 주변 환경에 적응한 것이 상대적으로 많이 살아남게 되고, 결국 전체적인 생물 종의 배치가 변화한 것처럼 보이게 된다. 이것이 바로 다윈이 『종의 기원』에서 주장한 '자연선택설'의 핵심이다. 예컨대 단단한 수목밖에 살 수 없는 섬에는 그에 맞는 부리를 가진 새가 많이 발견된다. 다윈은 이를 '자연선택'이라는 단어로 표현했다. 즉 주어진 환경에 맞는 생물은 남고, 그 환경에서 살아가기 불리한 생물은 없어진다. 그리고 이 적자생존 과정이 오랫동안 계속되면 환경의 변화에 적응하여 새로운 종이 탄생할

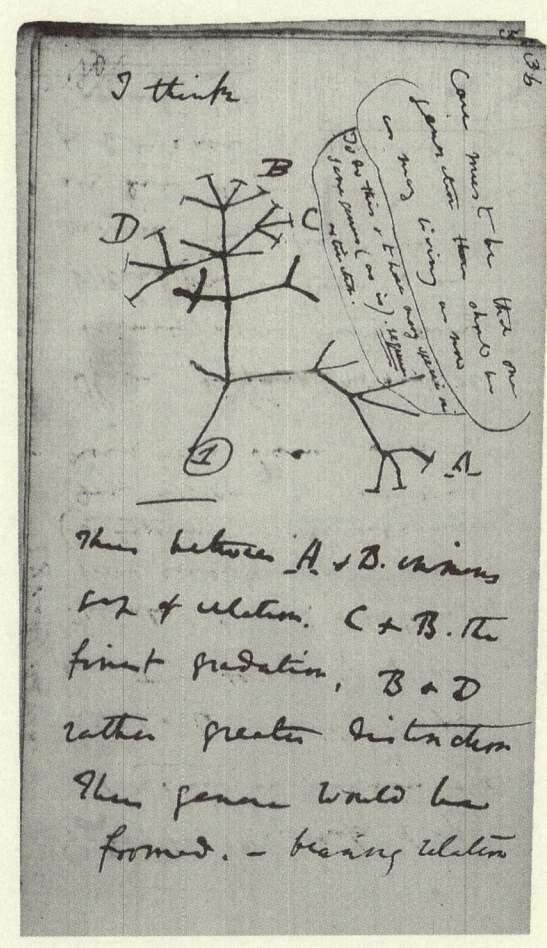

다윈이 직접 그린 다이어그램.(「종간 변이」, 1837)

가능성이 생긴다. 다윈의 말을 빌리자면 "자연계에 존재하는 자연선택이 생물 진화의 원리"가 되는 것이다.

다윈은 35세 때 이러한 주장과 학설을 글로 정리했고, 친구인 라이엘에게서 조언을 받아 가며 불충분한 부분을 보완해 나갔다. 49세 때는 자신과 비슷한 시기에 자연선택설이라는 결과를 도출해 낸 아일랜드의 생물학자 앨프리드 월리스 Alfred Wallace(1823~1913)와 함께 런던의 학회에서 이 연구 결과를 공동 논문으로 발표한다. 『종의 기원』을 출간한 것은 그 이듬해의 일이다.

『종의 기원』을 둘러싼 논쟁과 사회적 반향

다윈은 모든 생물이 공통의 선조로부터 진화하여 나누어졌다는 것을 증명하고, 그 메커니즘으로 자연선택설을 제시했다. 그는 비글호를 타고 다니며 관찰, 수집했던 과학적인 증거를 토대로 진화론을 전개해 나갔다.

다윈이 『종의 기원』에서 주장한 내용은 온전히 생물학적인 관점의 학설이었으나, 이를 읽은 일반 시민들은 "우수한 것은 열등한 것을 구축驅逐한다."라는 우승열패의 사상으로 받아들였다. 이런 '오해'라고 봐도 좋을 세간의 반응으로 『종의 기원』은 엄청난 사회적 반향을 일으키며 베스트셀러의 반열에 오른다.

한편 당시 유럽에서는 기독교가 모든 것을 지배하고 있었기 때문에 『구약성서』의 「창세기」에 나온 대로 신이 형형색색의 모든 생물을 동시에 창조했다는 것을 진리로 받아들이고 있었다. 그러므로 "공통의 선조로부터 진화했다는 다윈의 주장은 말도 안 되는 것"이라는 의견이 주류를 이루고 있었다.

사실 다윈 자신도 『종의 기원』에서 가장 문제가 되는 인류의 진화에 관해서는 아주 적은 분량만 다루고 넘어갔다. 그럼에도 불구하고 기독교 사상을 완전히 뒤엎는 그의 주장에 대해 격렬한 비난이 일어났다. 교회 관계자들은 물론이고 학계를 지배하고 있던 노장 교수들까지도 공격에 가세했다.

이에 반해 다윈의 지인이었던 토머스 헉슬리Thomas Huxley(1825~1895, '불가지론'이라는 개념을 창시한 영국의 생물학자로, 『멋진 신세계』의 작가 올더스 헉슬리의 조부이다-옮긴이)는 에른스트 헤켈Ernst Haeckel(1834~1919, '생태학'이라는 용어를 만든 독일의 생물학자-옮긴이)과 함께 과학자의 입장에서 진화론을 옹호하는 논지를 적극적으로 개진했다. 특히 헉슬리는 그 논리가 교묘하기 이를 데 없어 "다윈의 불도그"라는 별명까지 얻으며, 『종의 기원』 출간 다음 해에 열린 일명 '옥스퍼드 논쟁'(1860년에 옥스퍼드 대학 박물관에서 열린 진화론자와 창조론자 간의 격렬한 논쟁으로, 진화론의 대표자로는 헉슬리, 창조론에서는 윌버포스 주교가 나섰기 때문에 두 사람의 이름을 따서 '헉슬리-윌버포스 논쟁'으로도 불린다-옮긴이)에서 이름을 떨치게 된다. 이러한 과학자들의 노력으로 생물진화론은 차츰 사회에 널리 보급된다.

유럽에서 다윈의 진화론은 생물학뿐 아니라 사회사상에까지 큰 영향을 미친다. 원래 진화론 자체가 다윈이 살았던 19세기의 진보사관에서 나온 것이므로, 생물진화론이 사회진화론으로 모습을 바꾸어 많은 사람들의 관심사가 된 것은 필연적이라 할 수 있다.

다윈이 제창한 자연선택설에 대해서는 오늘날에도 논쟁이 끊이지 않고 있다. 또 적자생존의 과정에 대해서는 나중에 나온 생물학적 발견과 지식, 즉 돌연변이설(생물 진화의 원인이 돌연변이에 있다는 설로서, 다윈이 제대로 제시하지 못한 진화의 실제 원인에 대한 한 가지 해명이 되었다-옮긴이), 유전적 부동(유한한 크기의 집단에서 세대가 아래로 내려갈 때마다 나타나는 유전자의 빈도가 달라진다. 이 과정이 반복되다 보면 집단에서 특정 유전자만 남거나 특정 유전자가 아예 소실되어 버리는 일이 생긴다-옮긴이), 유전적 격리(같은 유전적 변이를 가진 개체군이 다른 집단과는 격리되어 자기들끼리만 교배하고 번식하는 현상-옮긴이) 등 다양한 학설에 의해 많은 부분에서 오류가 지적되었다. 그러나 생물이 진화를 계속하여 현재와 같은 다양한 생물계를 이루었다는 진화론의 근본 이론은 지금까지도 전혀 변하지 않았다.

덧붙여 지난 2009년은 다윈 탄생 200주년인 동시에 『종의 기원』이 출간된 지 150년 되는 해로 기념되었다. 현재 다윈의 모든 저작물은 '다윈 온라인(http://darwin-online.org.uk)'이라는 인터넷 사이트를 통해 공개하고 있는데, 여기에 가면 비글호 항해 중에 다윈이 적어 두었던 메모까지도 볼 수 있다.

운명의 신은 '비글호'의 주인공으로 다윈을 낙점했다

다윈이 비글호에 승선할 수 있었던 데에는 조부를 비롯해 저명한 의사를 많이 배출한 가문 덕도 있지만, 헨슬로 교수의 강력한 추천 또한 결코 무시할 수 없다. 비글호에는 다윈 말고도 박물학자 겸 군의가 한 사람 타고 있었는데, 그는 항해가 시작된 이듬해 배가 남미 리우데자네이루 항에 잠시 들렀을 때 하선했다. 그 뒤 비글호에서는 다윈 혼자만 박물학 연구를 계속하여 마침내 자연선택설이라는 결실을 맺었다고 한다.

『종의 기원』 출간과 관련해서도 재미있는 일화가 하나 있다. 다윈이 『종의 기원』을 들고 출판사를 찾았을 때 원고를 죽 훑어본 출판사 사장은 처음에는 출간하기를 망설인 모양이다. 그러다 회사 고문변호사에게 자문을 구했는데 "이 책은 과학자의 범주를 넘어선 작품이므로 출간해도 지장이 없습니다."라는 묘한 대답이 돌아왔고, 이에 출간을 단행하게 되었다고 한다. 이 변호사의 조언에 힘입어 『종의 기원』 초판은 당초에 예정했던 출간 부수의 배 이상인 1250부로 책정된다.

끝으로 다윈의 아들인 프란시스 다윈Francis Darwin(1848~1925)이 엮은 찰스 다윈의 자서전(국내에서는 2003년에 『나의 삶은 서서히 진화해왔다』라는 제목으로 번역, 출간되었다-옮긴이)에 다윈이 64세 때 작성했다는 앙케트가 실려 있는데, 그중 재미있는 문답이 하나 있어 소개해 보고자 한다.

질문 : 어떤 교육을 받으셨습니까?
답변 : 무언가 가치 있는 것은 스스로 배우는 것이라고 생각합니다.
질문 : 종교는 무엇입니까?
답변 : 명의상으로는 성공회 교도입니다.
질문 : 정치적인 성향은 무엇입니까?
답변 : 자유주의 또는 급진주의입니다.

다윈은 앙케트의 말미에 이렇게 부연했다.
"당신의 척도로 내가 어떤 사람인지를 판단하는 것은 절대 불가능할 거라 생각합니다."

지기 싫어하는 다윈의 강한 성격을 똑똑히 보여 주는 말이다.

끝까지 다윈을 믿어 준 사람들

실로 창조적인 업적을 이룬 학자가 당대에 학계로부터 외면당한 경우는 아주 흔하다. 지나치게 혁신적인 나머지 당대에는 내로라하는 전문가들조차 그것을 제대로 이해하지 못한 까닭이다.

그런 몰이해에도 실망하지 않고 연구를 계속하기 위해서는 반드시 조력자가 필요하다. 다윈의 경우도 앞서 서술한 것처럼 그의 친구이며 유명한 학자였던 토머스 헉슬리, 찰스 라이엘, 조지프 후커Joseph Hooker(1817~1911, 영국의 식물학자로서 큐 왕립식물원의 관장을 지냈다-옮긴이) 등

찰스 다윈.

의 조력자가 그의 연구를 높이 평가해 주고 세상에 널리 알릴 수 있도록 도움을 아끼지 않았다. 이런 친구들이 다윈을 '회의의 늪'에서 구했다 해도 과언은 아니다.

또 몸이 그다지 건강하지 않았던 다윈이 나이가 들어서도 왕성하게 지적 활동을 하며 방대한 양의 책을 저술하고 출간할 수 있었던 이유는 아내인 에마가 헌신적으로 뒷받침해 주었기 때문이다. 에마는 원래 영국의 유명한 도자기 회사 웨지우드를 창업한 조사이어 웨지우드 Josiah Wedgwood(1730~1795)의 손녀로, 그와 결혼할 때 거액의 지참금을 가져왔다고 한다.

이들의 도움이 없었다면 『종의 기원』의 출판은 상당히 늦어졌을지도 모르는 일이다.

이 책에서 뒤이어 소개할 학자들 또한 모두 고독과의 싸움에서 이긴 강한 사람들이다. 위대한 결과물을 낳기 위해 산고를 겪은 위대한 과학자들의 곁에 든든한 버팀목이 되어 준 조력자들이 있었다는 것은 과학사에서 볼 때도 무척 다행스러운 일이다. 과학 연구란 창조력을 최대한 발휘해야 하는 일이다. 그러므로 혼자 힘으로는 결코 좋은 열매를 맺기 어렵다.

『종의 기원』 중에서

– 생존경쟁은 모든 생물이 높은 비율로 증가하려는 성향을 가진 데 따른 불가피한 결과이다. 모든 생물은 살아 있는 동안 다수의 알 또는 종자를 만들지만 어느 시기, 어느 계절, 어느 해에는 반드시 생명을

다하게 된다. 만약 죽지 않는다면 기하학적(등비수열적) 증가의 원칙에 의해 그 개체 수가 삽시간에 과도하게 증가하여 어떤 곳에서도 그것을 수용할 수 없게 된다.

– 자연선택이란 시스템은 조금씩 지속적으로 일어나는 (생존에) 유리한 변이의 축적에 의해서만 작용하기 때문에 급격한 변화를 낳지는 않는다. 단지 극히 짧게, 그리고 천천히 한 걸음 한 걸음 작용하는 데 지나지 않는다.

이로써 우리의 지식에 새로운 것이 추가될수록 한층 타당성을 더해 가는 "자연은 비약하지 않는다."라는 격언은 이 학설을 통해 간명하게 설명될 수 있다.

Column

『사람이라는 동물을 이해한다는 것은』

— 하타 마사노리 지음

TV에도 종종 등장하는 하타 마사노리畑正憲의 애칭은 무츠고로(우리말로, 쌍둥이)로, 홋카이도의 평원에 동물 왕국을 건설한 동물학자이다. 무츠고로는 『사람이라는 동물을 이해한다는 것은 ヒという動物と分かりあう』(2006)에서 동물과의 소통을 통해 인간이라는 동물에 대해 심도 있는 통찰을 하고 있다.

"나는 동물들을 망원경으로 보는 것에 만족할 수 없다. …… 그들의 마음을 보고 싶다. 그 마음의 움직임이 어떠한 것인지 알고 싶다. 이것은 아직 학문이라고는 할 수 없는 상태이나 언젠가는 반드시 학문의 새로운 한 분야가 될 것이라고 나는 믿는다."

그가 오랜 시간 동물을 가까이에서 관찰하고 연구한 결과물들은 고스란히 인간을 이해하는 데 좋은 도구가 되고 있다. 복잡하게 서술된 인간 심리에 관한 책에서보다 오히려 이 책 속에 단순하게 그려진 동물들의 행동에서 인간의 모습을 더 분명하게 볼 수 있을 정도이다.

흥미로운 실험을 한 학자를 만나기 위해 무츠고로가 일부러 미국까지 찾아가는 장면에서는 박력이 넘친다. "이거다 하는 생각이 들자마자 바로 길을 나섰다. 어디든 주저 없이 달려갔다. 행선지

조차 알리지 않고 벨기에로 휙 날아갔다가 폴란드로 달려가는 등 정신없이 쏘다녔다. …… 알고 싶다는 생각이 들면, 실물을 보고 싶다는 마음이 들면 아무것도 거리끼지 않고 곧장 길을 나섰다."

나는 이 구절을 읽고 나도 모르게 웃음을 짓고 말았다. 흥미가 생기면 주저 않고 돌진하는 것이야말로 과학자의 성정이다. 왠지 동지 의식이 싹트고, 이런 것이야말로 학문의 즐거움이 아닌가 하는 생각이 들었다.

이와 같은 경지에 들어서면, 사람은 '앎'이 너무나도 즐거워 참을 수 없는 지경에 이르게 된다. 무츠고로는 지금도 그러한 감성으로 세계 곳곳을 돌고 있다. 동물 왕국을 세울 수 있었던 에너지가 조금도 쇠하지 않고 왕성하게 샘솟고 있는 것이다.

무츠고로의 이러한 사고방식은 도쿄대 동물학과 재학 시절에 길러진 것이라 한다. 그는 이 책에서 "나는 학생 시절의 실험이 아직도 기억난다."라고 쓰고 있다. 무츠고로는 새로운 것을 접할 때마다 언제나 대학 시절의 자신으로 돌아가 생각한다. 이 시기에 그의 영혼 속에 얼마나 중요한 씨가 심어졌는지 책 곳곳에서 엿볼 수 있다.

학생 무츠고로는 동물을 통해 자연의 불가사의한 세계에 빠져들었다. 젊은 시절의 우연한 조우가 얼마나 중요한 것인지 다시 한 번 생각하게 해 주는 책이다.

Books
함께 읽으면 좋은 책들

『종의 기원』은 읽기 어려운 책이다. 읽다 보면 화도 나고 찰스 다윈이 미워진다. 다윈이 여러 가지 이유로 읽기 어렵게 쓴 까닭도 있지만 번역의 문제도 크다. 젊은 학자들이 새로이 번역하고 있다고 하니, 일단은 좀 더 기다려 보는 수밖에 없다. 다윈의 저서가 읽고 싶다거나 다윈과 친해지고 싶다면 우선 『찰스 다윈의 비글호 항해기』(2009년, 샘터사)와 『나의 삶은 서서히 진화해왔다』(2003, 갈라파고스)로 시작하기를 권한다.

  종의 기원을 이해하는 데는, 사실 찰스 다윈의 원저보다 윤소영 중학교 생물 선생님이 풀어 쓴 『종의 기원-자연선택의 신비를 밝히다』(2004, 사계절)가 더 좋다. 찰스 다윈보다 종의 기원을 훨씬 더 쉽고 재미있게 설명한다.

  찰스 다윈의 자연선택설을 근간으로 하는 현대 진화론은 여러 갈래를 이루고 있다. 그 갈래를 전체적으로 조망하지 못하면, 진화론에 수많은 모순이 있는 것으로 오해하기 십상이다. 다윈으로부터 현대에 이르는 진화 이론을 일목요연하게 정리한 책으로는 장대익 교수가 쓴 『다윈의 식탁』(2008, 김영사)만 한 게 없다.

  뿌리와이파리 출판사가 2007년부터 펴내고 있는 '오파비니아 시리즈'는 구체적인 진화 사례를 통해 자연선택의 원리를 확인시켜 준다. 현재 『미토콘드리아』, 『눈의 탄생』 등 7권이 출간되었으며 앞으로도 계속 나올 예정이다. 고급 독자를 위한 책이다.

창조론자들은 아직도 화석의 "잃어버린 고리"를 운운한다. 사실 잃어버린 고리 따위도 없지만, 이젠 화석이 아니라 분자가 진화를 증언한다. 유전자에 대한 개념이 있다면, 션 캐럴의 『이보디보, 생명의 블랙박스를 열다』(2007, 지호)와 『한 치의 의심도 없는 진화 이야기』(2008, 지호)를 통해 현대 진화론에 도전해 볼 필요가 있다.

아직도 마음속에 창조론을 품고 있는 사람이나 현대적인 진화 연구의 수준에 종합적으로 도달하고자 하는 사람은 리처드 도킨스의 『지상 최대의 쇼-진화가 펼쳐낸 경이롭고 찬란한 생명의 역사』(2009, 김영사)를 놓쳐서는 안 된다. 600쪽이 넘는 책이지만 한번 잡으면 손에서 놓기 힘들다.

위의 책 가운데 서너 권을 읽었다면, 이제 당신은 찰스 다윈의 "자연선택에 따른 종의 진화"를 자신의 것으로 만들었을 것이다. 그렇다면 『종의 기원』에 도전해 볼 만하다. 당신은 다윈을 사랑하게 될 것이다.

기독교인이라면 진화 이론에 대해 일단 거부감이 들지도 모르겠다. 무턱대고 창조론을 믿는 사람들이 많은데, 그 전에 창조론에 관한 책을 한 권쯤 읽어 보는 것은 어떨까? 미국에서 창조과학 탐사 여행 프로그램을 진행하고 있는 지질학자 이재만이 쓴 『창조과학 콘서트』(2006, 두란노)를 추천한다. 기독교 과학자들은 '창조creation'와 '창조론creationism'을 구분한다. 우리나라에서 '창조과학'이라고 일컫는 것은 영어로 creationism에 해당한다. 창조와 창조론 사이에서 어쩔 줄 몰라 하는 기독교인에게 복음과도 같은 책이 있으니, 『무신론 기자, 크리스천 과학자에게 따지다』(2009, IVF)가 그것이다. 저자 우종학은 거대 블랙홀과 은하의 진화를 연구하는 천문학자로서 대학 시절부터 IVF(한국기독학생회)에서 신앙 운동을 해 왔다. 책이 출간된 직후 서울대학교 천문학과 교수로 초빙되었다.

기독교인도 진화 이론을 받아들일 수 있다. 나도 모태 신앙인이며 안수를 받은 집사이다. 하지만 교회에서 당당하게 "나는 진화론을 믿습니다."라고 고백하기까지 험난한 사고 실험을 거쳐야 했다. 만약 HGP(인간 유전체 프로젝트)의 총책임자였던 프랜시스 콜린스가 쓴 『신의 언어』(2009, 김영사)가 더 일찍 출간되었더라면 내 인생은 훨씬 편했을 것이다. 유신론자이자 진화론인 콜린스는 창조과학이나 지적 설계론이 얼마나 비과학적인지를 밝히는 한편, 진화가 신의 창조 방식임을 신학적으로 설명했다.

이쯤 읽었는데도 여전히 진화 이론을 이해하지 못하겠다거나 아직도 모든 종은 단시간에 현재와 같은 모습으로 창조되었다고 믿는다면 대책이 없다. 포기하고 다른 분야의 책을 읽기 바란다.

2
전 세계의 모든 어린이들이 탐독하는
곤충기
Souvenirs Entomologiques

아르마스 땅에서 곤충과 벗하며 산 파브르

장 앙리 파브르Jean Henri Fabre(1823~1915)는 남프랑스에 있는 생 레옹의 가난한 농가에서 태어나 평생을 곤충과 벗하며 살았다. 지금의 생 레옹은 인구가 불과 80여 명밖에 안 되는 작은 마을이지만, 파브르가 태어났을 무렵에는 교통의 요지로서 번영을 누렸다. 이곳을 찾아가면, 아직도 로마네스크 양식의 자그마한 생 레옹 교회가 남아 있어 프랑스 시골의 고즈넉한 풍경을 감상할 수 있다.

파브르의 아버지는 생계를 위해 농사일을 포기하고 카페를 운영했다. 그러나 사람 사귀는 것이 영 서툰 탓에 카페는 파리만 날리다 결국 문을 닫는다. 그로 인한 생활고로 파브르는 세 살 나던 해에 조부모 손에 맡겨진다. 파브르는 조부모와 함께 살면서 대자연을 자신의 눈으로 직접 보고 겪으며 확인하는 것에 눈뜨게 된다.

파브르의 어린 시절에서 주목할 만한 일화가 하나 있다. 어느 날 파브르는 햇빛이 몸의 어느 곳에서 느껴지는 건지 궁금해진 나머지 입을 벌려 햇빛을 느껴 보려 했다. 물론 햇빛이 입에서 느껴질 리는 없는 법. 그는 곧 햇빛은 눈으로 느끼는 것이라는 사실을 깨닫는다. 어린 그에게는 굉장한 발견이었다. 그 기쁜 소식을 다른 사람들에게도 알려 주기 위해 자신만만하게 많은 사람들 앞에서 발표를 했다. 물론 진지하게 받아 주는 사람은 아무도 없었다. 그렇지만 이 이야기는 파브르가 무엇이든 스스로 확인을 해야 직성이 풀리는 아이였다는 것을 잘 보여 준다.

파브르의 아버지는 가난하긴 했지만 교육의 중요성에 대해서는 누구보다 잘 알고 있었다. 그런 그에게 교회 미사에서 시중을 들면 학비를 벌 수 있다는 정보가 흘러 들어온다. 그는 곧 파브르를 데리고 교회로 갔고, 파브르는 가까스로 교육을 받을 수 있는 기회를 얻는다. 이후 우수한 성적으로 학교를 졸업한 파브르는 사범학교에 장학생으로 진학했다. 그리고 졸업 후에는 리세Lycée(국립고등학교로, 대학 예비교육을 하는 곳—옮긴이)의 교사가 된다. 학교에서 그는 수학과 물리 등 논리를 지향하는 교과목을 가르쳤지만, 자연계의 진실을 자신의 눈으로 확인하고자 하는 자세는 조금도 변함이 없었다.

33세 때 대학교수가 되지 않겠냐는 권유를 받지만 유감스럽게도 그렇게 되지는 못했다. 당시에는 재산이 충분치 않은 사람은 교수가 될 수 없었기 때문이다. 이에 자극을 받은 파브르는 꼭두서니로부터 염료를 추출하는 연구를 하며 일확천금을 꿈꾸지만, 실험만 성공하고 정작 돈은 만져 보지 못한다. 석유화학의 급속한 발전으로 인해 파브르가 제법을 완성하기도 전에 저렴한 적색 염료가 출시되어 시중에 돌았기 때문이다. 할 수 없이 그는 과학 입문서를 집필하여 그 인세로 근근이 살기로 한다.

파브르가 『곤충기Souvenirs Entomologiques』의 배경으로 널리 알려진 아르마스 지역에 정착한 것은 1879년, 그의 나이 55세 때였다. 프로방스어로 '황폐한 땅'이라는 뜻의 아르마스는 파브르에게는 마음의 안식을 주는 낙원과도 같은 곳이었다. 생활은 여전히 풍족하다고 말하기 어려웠으나, 그는 여기서 마음껏 곤충을 관찰하며 집필에 몰두했다. 56세가 되었을 때 그는 『곤충기』 제1권을 출간했고 이후 2, 3년에 한 권꼴로 시리즈를 계속 내어 83세 때 맨 마지막 권인 10권을 출

장 앙리 파브르.(사진, 나다르)

간하게 된다. 그리고 8년 뒤 제1차 세계대전이 한창이던 1915년에 향년 91세로 천수를 누리고 세상을 떠난다.

아르마스에는 현재 파브르의 기념관이 세워져 있다.

지적인 어른들의 읽을거리, 『곤충기』

파브르는 곤충에 대한 학술 논문을 쓰기보다는 곤충의 삶과 생태를 보다 사실적으로 그려 보고 싶었다. 학회에 나가 자신이 발견한 새로운 사실을 발표했다면 학자로서의 실적은 쌓였겠지만, 그가 발표한 결과물은 일부의 학자들 사이에서나 읽힐 뿐 지금처럼 많은 사람들에게 알려지지는 못했을 것이다.

파브르에게는 출판에 대한 일종의 야심이 있었다. 세상에는 다른 책을 출전으로 삼아 인용해서 쓴 책이 많이 있다. 책 한 권 한 권을 꼼꼼히 조사해 보면 어딘가에 원전이 있고, 그것을 쉽게 풀어 쓴 것이 대부분이다. 그러나 『곤충기』의 내용은 모두 파브르 자신이 새롭게 발견한 것이다. 그 어느 곳에서도 비슷한 책을 찾아볼 수 없다.

그가 목표로 했던 것은 독창적이면서도 사람들에게 쉽게 읽히는 책이었다. 책을 좋아하는 사람들의 지적 욕구를 충족시키기 위한 '어른들의 읽을거리', 그리고 가장 앞선 정보를 채워 넣은 책을 쓰는 것이 그의 목표였다. 이러한 바람이 구체화된 것이 바로 『곤충기』로서, 말하자면 문학과 과학이 융합된 책의 선구라 할 수 있다.

이 점은 뒤에서 다룰 윅스퀼과도 같다. 또 파브르와 윅스퀼은 자신의 책에서 절대 무미건조한 문체를 사용하지 않았다. 독자가 생전 처음 보는 생물에 대한 설명을 읽을 때조차도 친숙한 느낌을 받을 수 있도록 상세하고 노련하게 묘사했다. 이는 과학적 내용을 일반 사람들에게 흥미롭게 전달하고자 하는 학자들이 가져야 할 아주 중요한 소양이다.

파브르의 『곤충기』가 세상에 알려지기까지

이 책을 읽는 독자들은 최소한 파브르의 이름 정도는 알고 있을 것이다. 그러나 정작 그의 나라인 프랑스에서는 얼마 전까지만 해도 그의 이름이 거의 알려져 있지 않았다.

당연한 얘기일지 모르겠지만, 『곤충기』는 출간 당시 판매가 시원치 않았다. 왜냐하면 19세기 프랑스에서는 "곤충은 악마의 소산"이라는 믿음이 널리 퍼져 있었다. 농작물을 망쳐 놓는 진딧물의 천적인 무당벌레와 교회에서 사용하는 초의 원료가 되는 밀랍을 만드는 꿀벌 이외의 곤충은 모두 악한 것으로 간주되었다. 그런 벌레의 생태를 자세하게 알고 싶다고 생각하는 사람은 상당히 이상한 사람으로 여겨질 수밖에 없었다.

『곤충기』가 잘 팔리지 않은 또 한 가지 이유는 프랑스 특유의 정서에 있다. 프랑스 사람들은 개보다 작은 생물에는 별로 관심을 두지 않는다. 파브르가 태어나 자란 나라는 그만큼이나 곤충이라는 생물과 친하지 않은 곳이었다.

게다가 파브르는 사실성을 엄청나게 중시했던 탓에 어중간한 도판을 책 속에 넣는 것을 절대 허용하지 않았고, 그 덕에 『곤충기』 초판본에는 삽화며 사진이 전혀 들어 있지 않았다. 결국 『곤충기』는 팔리려야 팔릴 수가 없었던 것이다.

『곤충기』가 출간되고 100년도 넘게 흐른 1996년, 곤충을 다룬 영화 〈마이크로코스모스〉가 극장에 걸렸다. 이 영화는 뜻밖에도 흥행에서 커다란 성공을 거둔다. 그리고 그로부터 4년 뒤 파브르가 태어난 생 레옹에는 곤충 테마파크 '마이크로폴리스'가 들어선다. 2003년에는 파리에서 '파브르전'이 열렸는데 대성황을 이루었다.

이렇듯 긴 시간이 지나서야 파브르의 가치가 프랑스에서도 인정을 받게 된 것이다. 눈앞에 펼쳐져 있는 불가사의한 자연을 경외하고 감탄하는 자세는 우리 현대인들에게 꼭 필요한 것이 아닐까 싶다. 그리고 『곤충기』에는 사람이 본능적으로 잊어서는 안 될 무언가가 있기에 오늘날에도 부동의 인기를 누리고 있는 것이 아닐까 싶다.

다윈의 진화론을 거부하다

『곤충기』는 현재 가장 기본적인 과학책으로서 세계 곳곳에 보급되어 있지만, 출간 당시에는 지금과 같은 평가를 받지 못했다. 거기에는 다음과 같은 이유가 있다.

파브르는 다윈의 진화론을 끝까지 받아들이지 않았다. 다윈이 파브르를 우수한 연구자로 높이 평가했음에도 불구하고 말이다. 또 파브르가 어려운 용어를 쓰지 않고 지극히 평이한 문장을 사용한 것도 과소평가를 받은 이유 중 하나이다. 곤충 전문가를 비롯해 관련 전문가들은 "문체가 좋지 않다. 해도 해도 너무 평이하다. 깊이가 없다."라고 하면서 갖은 비난을 늘어놓았다. 세간의 시선은 파브르에게 차갑기만 했다.

그러나 파브르가 강의를 맡았던 성인 학급(공교육에서 소외된 가난한 사람들과 여성들을 대상으로 열었던 교육기관)의 청강생들만은 그의 이야기를 대단히 좋아했다. 언제나 쉬운 단어로 자연에 대해 재미있게 설명했기 때문이다. 이와 관련해서 파브르에게는 곤혹스러웠던 일화가 하나 있다. 언젠가 성인 학급 가운데 한 반에서 여자 학생들에게 '수분受粉'에 대해 설명했는데, 공공연한 장소에서 하지 말아야 할 얘기를 한 경망스러운 작자라며 교회 관계자들로부터 비난을 받은 것이다. 아마도 너무나 순수해서 세상 물정을 몰랐던 파브르다운 실수가 아닐까 싶다.

어려움과 실패가 가져온 위대한 인류의 유산, 『곤충기』

파브르의 최대 공적은 일상적인 언어와 표현으로 자연에 대한 지식을 전달했다는 것이다. 일반적으로 학자들이란 어려운 내용을 이해하기 까다로운 문장으로 표현함으로써 자신의 학문적인 권위를 유지하려는 경향이 있다. 이는 파브르의 시대나 지금이나 달라진 것이 없다. 전문가들끼리 쓸데없는 오기를 부리는 것이야 자기들 마음이지만, 그 결과 보통 사람들이 과학에서 멀어지는 것은 문제라 할 수 있다. 파브르는 이런 풍조에 숨구멍을 터 주었다.

또 파브르는 100여 권에 달하는 입문서와 교과서를 집필했는데, 그 이유 중 하나로 파브르 자신이 독학으로 공부한 사실을 들 수 있다. 독학은 달리 누군가를 의지할 수 없는 공부 방법이므로 책만이 세계를 향한 유일한 창이 된다. 그런 와중에 글의 수준이 엉망이라 아무리 읽어도 이해할 수 없는 책을 만나면, 독학하는 사람 입장에서는 '절망'이라 해도 과언은 아닐 것이다.

파브르에게는 물리학과 수학에 흥미를 갖고 부지런히 책을 구해서 공부를 한 과거가 있다. 그러나 젊은 시절 그는 난해한 교과서 때문에, 특히 수학 공부를 할 때 상당히 애를 먹었다고 한다. 이러한 괴로움 때문이었을까, 그가 집필한 수학책은 초심자들도 이해하기 쉽게 구성되어 있다. 아마도 혼자서 힘들게 공부한 경험이 있었기에 어느 부분이 어떻게 어렵고 힘든지 더 잘 알고 있었기 때문일 것이다. 이런 파브르를 보면, 과연 어떤 사람이 교육자의 자질을 제대로 갖추고 있는 것인지 다시 한 번 생각해 보게 된다.

꼭두서니 연구로 경제적 부를 쌓는 데 실패한 뒤, 파브르는 『곤충기』를 집필하는 데 몰두하게 된다. 역사에 '만약'은 존재하지 않으나, 만약 그가 꼭두서니 연구로 큰돈을 거머쥐게 되었다면 앞서 말한 쉽고 재미있는 수학과 과학 입문서 여러 권, 그리고 『곤충기』는 세상에 나오지 못했을 것이다.

역사에 이름을 남긴 과학자나 작가 중에는 가난하기 때문에 오히려 뛰어난 연구 업적과 작품을 남긴 사람들이 적지 않다. 파브르 또한 꼭 그런 사람이다. 본인에게는 참 미안한 말이 되겠지만, 전 세계의 파브르 팬들은 그가 가난했던 것에 가슴을 쓸어내리며 안도해야 할 것이다.

『곤충기』 중에서

– 9월 초순에는 독거미 알이 부화할 정도로 성숙해진다. 새끼 거미들은 동시에 알주머니에서 깨어나 밖으로 나온다. 그리고 순식간에 어미 거미의 등으로 기어오른다. 새끼 거미들은 서로 빽빽하게 뭉쳐, 수가 많을 때는 이중 삼중으로 층을 지어 어미의 등을 모두 점령해 버린다. 이때부터 어미 거미는 7개월간 밤낮으로 새끼들을 업고 다녀야 한다. 마치 옷을 입은 듯 새끼들을 몸에 붙이고 있는 독거미의 모습만큼 단란한 가족의 모범이 되는 정경은 다른 곳에서는 찾아보기 어렵다.

– 어느 겨울 밤, 집 안은 모두 잠이 들어 고요했다. 나는 내일에 대한 걱정, 즉 물리 교사로서 생계를 꾸려 나가는 시름을 잊고 아직 재의 온기가 남아 있는 난로 옆에서 책을 읽었다. 대학에서 학사 학위를 몇 개 딴 뒤 25년 동안 일했고 공적도 제법 인정받은 편인데, 내가 가족을 위해 벌어들이는 돈이라곤 연 1600프랑. 부잣집 마부의 급료보다 적은 금액이다. 또 관청의 규제도 적지 않은 짐이다. 나는 독학으로 공부했기에 제대로 졸업한 학교가 없다. 그래서 가난한 교사로서의 고된 삶을 책으로 달래 보려 했다. 그러다 어떤 이유였는지는 잊었으나, 우연히 손에 잡힌 곤충에 관한 책을 펼쳐보게 되었다. ……

우연히 읽은 레옹 뒤프르의 그 책이 도화선이 되어 주었다. 새로운 빛이 내 안으로 파고들었다. 그것은 내 정신의 눈을 활짝 틔워 주었다.

Column

『나무 이야기, 숲 이야기』

— 다카다 히로시 지음

숲 속으로 들어갔더니 나무가 말을 걸어오더라는 경험을 해 본 적 있으실지 모르겠다.

『나무 이야기, 숲 이야기木のことば, 森のことば』(2005)는 자연의 신비를 그리는 데 있어 당대 최고라고 일컬어지는 다카다 히로시高田宏가 나무와 숲과 대화를 나누어 온 자신의 인생을 풀어놓은 에세이로, 자연에 대한 경외심이 가득 넘쳐 오른다.

이 책은 다카다 히로시가 자신의 젊은 시절을 떠올리며 쓴 작품이다. 현학적인 구석이란 조금도 찾아볼 수 없을 만큼 표현이며 예시가 아주 쉽고 재미있다. 뿐만 아니라 읽는 이로 하여금 책에 담긴 깊은 사색을 고스란히 느낄 수 있게 한다. 한 장 한 장 책을 넘기다 보면, 나도 모르게 숲의 아름다운 세계에 빠져들면서 마음이 평온해진다. 책을 거의 다 읽어 갈 즈음에는 나무와 이야기를 나누고 있는 듯한 기분마저 든다.

한 그루의 나무를 둘러싸고 여러 가지 시점에서 이야기를 풀어 나가는 그의 역량은 실로 압권이라 할 수 있다. 예를 들어 숲에서 생활하는 이의 풍요로운 영혼을 그려 낸 헨리 소로의 명작『월든Walden』을 언급하면서, 소박한 생활 속에 흘러가는 사치스러운 시간을 묘사하는 장면이 그러하다. 또 그는 수령이 1300년이나 된 상수리 거목을 지킨답시고 콘크리트로 나무의 틈을 메우고 버팀목을 세우는 우매함을 지탄한다. 더욱이 그 나무를 국가가 천연기념물로 지정하려는 움직임에는 도리어 "위대한 나무에게 자연사를 허락하라."라며 절규하고 있다.

다카다 히로시는 깊은 숲 속으로 들어가 나무의 목소리를 듣는다. 나는 화산을 조사하며 대지의 목소리를 듣는다. 다카다 히로시와 나는 작가와 과학자로서 서로 다른 분야에서 일하고 있음에도 같은 감성을 가질 수 있다는 것에 묘한 느낌을 받는다. 우리는 모두 자연에 깊은 존경심을 품고 있고, 인간의 지식이라는 것이 얼마나 작고 보잘것없는 것인지 깨달을 수 있는 세계를 공유하고 있기 때문이리라.

인간이란 눈에 보이는 것 밖의 세상은 인지할 수 없는 슬픈 존재이다. 인간이 자연의 모든 것을 다 알고 자연을 지배하고 있다고 생각하는 것은 단순한 자만일 뿐만 아니라 극히 위험한 생각이다. 그렇게 되지 않기 위해서도 먼저 나무의 이야기에 귀를 기울이고, 미래를 차분하게 바라보는 마음 자세가 필요할 것이다.

Books
함께 읽으면 좋은 책들

약 3억 5000만 년 전 고생대 데본기에 곤충이 지구에 출현했다. 과학자들은 지구에 약 300만 종의 곤충이 있을 것이라고 추산하지만, 알 수 없는 일이다. 다만 지금까지 기록된 곤충이 약 80만 종으로, 전체 생물의 4분의 3을 차지할 정도로 많은 것만은 분명하다. 갑각류가 지배하는 바다를 제외하면 곤충은 수와 종류에서 가히 지구를 지배하는 동물임에 틀림이 없다. 우리나라에도 약 1만 2000여 종이 있는 것으로 알려져 있다. 따라서 곤충을 아무리 좋아한다고 해도 모든 곤충을 다 알기는 어렵다.

파브르의 『곤충기』에 등장하는 곤충도 불과 1500여 종에 불과하다. 파브르의 『곤충기』는 수십 년 전부터 다양하게 많이 출간되었는데, 이 중 프랑스어판 전10권을 직접 한글로 완역한 것은 『파브르 곤충기 전집』(2010, 현암사) 하나뿐이다. 곤충학계의 원로 김진일 박사가 번역했다. 파브르의 『곤충기』를 읽고 좋은 대학에 갈 수는 없지만, 좋은 과학자가 갖추어야 할 소양은 충분히 얻을 수 있다. 곤충의 습성을 정확하게 파악하기 위해 파브르가 고안한 접근 방식, 관찰 결과를 읽기 쉬우면서도 생생하게 묘사해 낸 문장력, '곤충기'로서 갖춰야 할 짜임새 등은 보통 사람이 생각해 내기 어려운 것들이다.

김진일의 『파브르 곤충기 전집』이 좋은 책이긴 해도 아이들이 읽기에는 아무래도 벅차다. 먼저 분량을 따라잡기 어렵고 내용도 쉽지 않다. 초등학교나 중학교 아이들을 위한 파브르의 『곤충기』로는 일본어 책을 우리말로 옮긴 『파브르 곤충기』(2010, 미래사)가 적절하다. 10권의 『곤충기』를 추려서 7권으로 고쳐 쓰고, 마지막 여덟 번째 권은 파브르의 전기로 구성되어 있다. 섬세한 사진과 재치 있는 삽화, 그리고 이야기체의 설명이 책을 더 읽기 쉽게 만들어 준다.

사람은 사하라 사막에서 남극에 이르기까지 아무 데서나 살지만 곤충은 사는 곳이 정해져 있다. 따라서 프랑스 남부가 배경인 파브르의 『곤충기』에 나오는 곤충 가운데 우리나라에서 볼 수 있는 것은 10퍼센트도 안 된다. 파브르의 『곤충기』를 열심히 읽은 아이들이 자연에서 그 곤충을 볼 수 없으면 얼마나 답답하겠는가? 아이들을 곤충의 세계로 인도하고 싶다면 『세밀화로 그린 곤충도감』 (2002, 보리)이 좋다. 같은 해에 출간된 『세밀화로 그린 나무도감』과 짝으로 나온 책으로 우리 주변에 있는 곤충을 다루고 있다. 지금까지 소개한 책들 가운데 하나를 소장하라면 나는 이 책을 고를 것이다. 맨눈으로 보기 힘들 정도로 세밀하고 촘촘하게 생긴 곤충의 모든 흔적을 잡아낸 세밀화가 정말 일품이다.

방에서 아무리 곤충 백과사전을 꿰차고 있은들 숲에서 곤충을 만나면 뭐가 뭔지 도통 알 수 없다. 곤충이 어디 한두 가지인가? 배낭에 넣고 다닐 수 있는 작은 크기의 곤충도감이 있으면 좋겠다는 생각을 한다. 이런 이들을 위한 책이 바로 『주머니 속 곤충도감』(황소걸음, 2006)이다. 이 책은 크기도 작고 무게도 가볍다. 또 곤충에 관한 일반적인 지식은 물론이고 꼭 알아야 할 우리 곤충에 대한 정보와 사진을 비롯해 채집과 관찰, 표본 만드는 법까지 상세하게 소개되어 있어 아주 유용하다. 집과 야외에서 모두 볼 수 있는 책으로 한 권만 고를 요량이면 이 책이 안성맞춤이다.

끝으로 곤충은 징그럽기만 할 뿐 전혀 관심 갖고 싶지 않다고 생각하는 사람을 곤충의 세계로 이끄는 최후의 수단으로『곤충의 유혹』(2004, 휘슬러)을 권하고 싶다. 단, 이 책은 지적인 어른들을 위한 책이다!

3
"나는 내 과학 연구에 아주 만족하고 있다"
식물의 잡종에 관한 실험
Versuche über Pflanzen-Hybriden

유전학의 아버지, 멘델

"유전학의 아버지"로 불리는 그레고르 멘델Gregor Mendel(1822~1884)은 오스트리아에 있는 하인첸도르프(지금은 체코의 힌치체)라고 하는 작은 마을에서 태어났다. 그의 아버지는 자기 손으로 풍요한 농장을 일군 유능한 사람이었다. 집도 쓰러져 가던 목조 건물에서 근사한 석조 저택으로 고쳐 지었다.

멘델의 집안은 7대 전인 1550년까지 거슬러 올라갈 정도로 유서 깊은 가계였다. 또 어머니는 우수한 원예 재배가를 배출한 집 출신이었다. 멘델의 큰외삼촌은 교육열이 대단한 사람으로, 멘델의 공부를 위해 음으로 양으로 많은 도움을 주었다.

어린 시절 멘델은 과수원에서 아버지가 식물의 품종을 개량하는 것을 도왔다. 그 경험은 나중에 그가 생물학 연구를 할 때 큰 초석이 되었다.

그런데 아버지의 과수원 경영이 잘 풀리지 않게 되고, 그 결과 빚을 지게 된다. 그 뒤로 나쁜 일이 겹치고 겹쳐 결국 그의 아버지는 병석에 눕는다. 그 때문에 멘델은 고등학교를 끝으로 학업을 마쳐야 했다. 가족들은 그가 아버지 대신 농장을 경영해 주길 바랐다. 하지만 향학열에 불타던 그는 이를 거절하고 소박하게 가정교사로 일하며 공부를 계속해 나가는 길을 택한다.

멘델은 21세가 되던 1843년, 아우구스티누스 수도회 소속의 토머스 수도원에 들어가 수도사가 된다. 당시에 수도원은 뛰어난 젊은이들을 모아 종교 활동과 더불어 교육, 학문 활동을 하는 등 사회적 역할을 담당했다. 도저히 공부를 포기할 수 없었던 멘델에게는 가장 그럴듯한 기회의 장소였던 것이다. 그는 이곳에서 자신의 재능을 높이 쳐주는 사람을 만난다. 학문에 지대한 관심을 갖고 있던 나프 수도원장이 바로 그다. 나프 수도원장 덕에 멘델은 빈 대학에서 물리학을 공부할 기회까지 얻는다.

빈 대학에서 공부를 마치고 수도원에 돌아온 멘델은 완두를 가지고 유전 연구를 시작한다. 세심하고 끈기 있게 교잡을 반복하며 7년 동안 실험을 계속한 결과, 43세가 되던 1865년에 유전 현상의 법칙성과 유전물질의 존재를 발견한다. 그해에 멘델은 이 중대한 발견을 정리하여 「식물의 잡종에 관한 실험」이라는 논문으로 발표하는데, 이 논문의 내용은 후에 '멘델의 법칙'이라는 이름으로 불리게 된다. 그러나 당시에는 이 획기적인 성과에 주목하는 학자가 아무도 없어서, 1900년까지 무려 35년 동안이나 사장되어 버리는 운명에 처한다.

생전에 유명세와는 별 인연이 없었던 멘델은 1884년 61세를 일기로 조용히 숨을 거둔다.

푸른 눈과 검은 눈의 유전을 설명한 『식물의 잡종에 관한 실험』

『식물의 잡종에 관한 실험Versuche über Pflanzen-Hybriden』에 보면, 멘델은 연구를 시작하기 전 명확한 목표를 설정하고 있었다. 그것은 "부모에게서 자식으로 성질이 어떻게 전달되고 이어지는지에 대해 과학적으로 답한다."라는 것이다. 쉽게 말하자면, 부모가 각각 검은 눈과 파란 눈일 경우 태어나는 아이는 어느 쪽의 눈 색깔을 닮을 것인가 하는 의문에 답하는 것이다.

검은 눈과 파란 눈처럼 서로 다른 유전적 성질을 형질形質이라 한다. 멘델은 부모에게서 자식으로 형질이 전해질 때 어떠한 요소(오늘날 '유전자'라 부르는 것)가 작용하는지 고찰했다. 멘델은 이러한 형질에 대해 '우성優性'과 '열성劣性'이라는 표현을 사용했는데, 이 단어는 각각의 형질이 잘나고 못났다는 의미가 아니라 형질이 나타나는가, 아니면 억제되어 나타나지 않는가를 의미한다. 예를 들어 검은 눈은 우성 유전되고 푸른 눈은 열성 유전된다. 이렇게 대립되는 형질을 가진 유전자는 대립유전자라 불린다. 그리고 부모에게서 자식으로 이 형질이 옮겨질 때 2대째의 눈 색깔은 검은색과 푸른색이 뒤섞인 색이 아니라 검은색이나 푸른색 중 한 가지 색으로 나타난다.

그러면 본론으로 들어가 보자. '우성'밖에 갖고 있지 않은 사람과 '열성'밖에 갖고 있지 않은 두 사람이 결혼을 하고, 그 사이에서 태어난 아이가 '우성', '열성'을 함께 갖고 있다고 하자. 그 아이가 커서 같은 유전형질을 갖고 있는 사람과 결혼한 경우에는 검은 눈의 자녀가 세 명, 푸른 눈의 자녀가 한 명 태어나게 된다.

멘델은 이것을 알기 쉽게 기호로 나타냈다. 우성 유전자를 알파벳 대문자 A로, 열성 유전자를 소문자 a로 표시한다. 이에 따라 검은 눈의 부모가 AA, 푸른 눈의 부모가 aa라는 유전자를 갖고 있다고 하자.

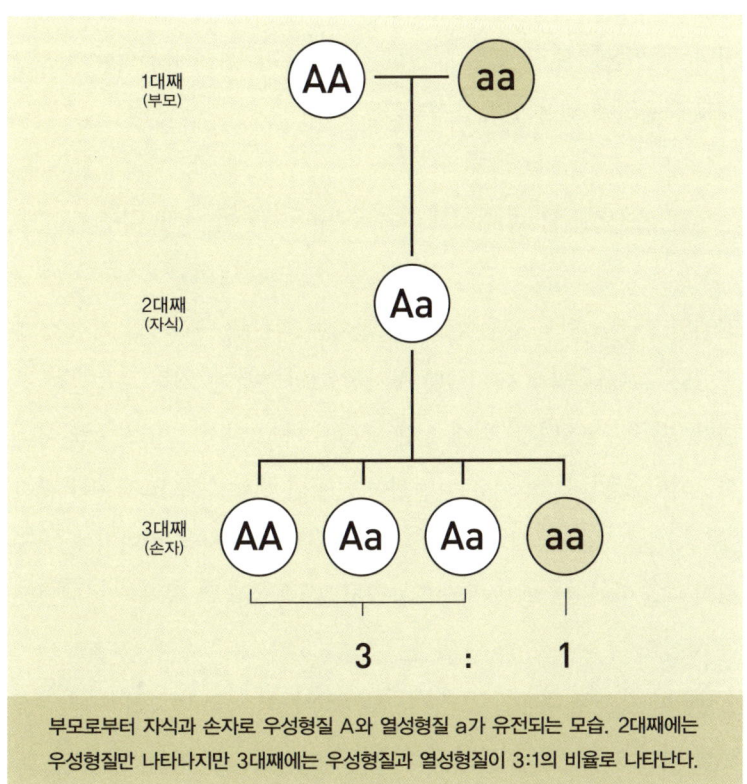

부모로부터 자식과 손자로 우성형질 A와 열성형질 a가 유전되는 모습. 2대째에는 우성형질만 나타나지만 3대째에는 우성형질과 열성형질이 3:1의 비율로 나타난다.

그러면 2대째에서는 유전자를 양쪽 부모로부터 하나씩 물려받으므로 Aa가 된다. 여기서 A는 우성, a는 열성 유전자이므로 2대째는 검은 눈의 아이가 태어난다. 여기서 3대째로 내려가면, 이 아이들의 유전자는 2대째의 Aa가 재배분되어 AA가 한 명, Aa가 두 명, aa가 한 명 태어나게 된다. 그 결과 검은 눈의 아이가 세 명, 푸른 눈의 아이가 한 명 태어나게 되는 것이다.

이렇게 2대째에는 나타나지 않던 형질이 3대째에 다시 나타나 최종적으로는 3 대 1이 되는 것을 증명하기 위해 멘델은 완두콩을 가지고 실험했으며, 그 결과를 간단한 기호를 이용해 설명했다. 이 방법은 당시의 생물학에서는 대단히 참신한 것이었으며, 현대 유전학에서도 그대로 사용하고 있을 만큼 훌륭한 도식이다.

"나는 내 과학 연구에 아주 만족하고 있다"

멘델의 연구는 이후 유전학으로 발전되는 학문에 수학적인 기반을 제공했다. 그러나 앞서 얘기했던 것처럼 그의 논문은 전혀 주목받지 못했다. 발표 후 35년간, 다시 말해 멘델이 죽고 나서도 16년 동안이나 사장되어 있었다. 그 이유는 멘델이 연구의 성과를 주요 생물학 잡지에 투고하지 않고 『브륀자연과학연구회보』라는 지역 학회지에 발표했기 때문이다. 또 멘델이 수도사였지, 학회 소속의 학자가 아니었다는 사실도 그 이유로 들 수 있다.

멘델이 기술한 내용이 그 당시 생물학자들의 사고 범주를 훨씬 뛰어넘은 것이었다는 점도 그가 주목받지 못한 이유 중 하나라 하겠다. 요컨대 요소 출현의 패턴을 "3의 n제곱으로 나타낼 수 있다."처럼 수학적으로 추상화하고, 실험 결과를 엄정하게 검증한 것이 도리어 화근이 된 것이다. 사실 그것이야말로 멘델의 연구가 획기적이라 할 수 있는 점이건만, 오히려 그렇기 때문에 수학적인 해석에 익숙하지 않았던 대다수의 학자들로부터 무시를 당했다. 유감스럽지만 나도 강의 중에 "10의 n제곱"과 같은 말로 설명을 시작하면, 순간 학생들의 얼굴이 어두워지고 나중에는 항의의 말까지 들려오곤 한다.

멘델은 학회지 내용 중 자신의 논문만을 별도로 인쇄하여 학자들과 전문가들에게 보냈다. 이때 멘델이 보낸 우편물 가운데 편지 칼로 뜯어 본 흔적도 없는 것들이 최근에 다수 발견되었다. 같은 분야의 학자들조차 읽어 주지 않았다는 서글픈 사실의 증거라 하겠다. 그는 논문을 다윈에게도 보냈는데, 다윈 역시 전혀 눈길을 주지 않았다.

멘델은 지금 식으로 이야기하자면, 자신의 연구에 대한 선전, 홍보, 교육 활동에 전혀 관심이 없었다. 분명 다른 학자들에게 논문을 송부하기도 하고 강연도 했지만, 기본적으로 그는 순수한 아마추어 오타쿠 연구자였다.

만년에 멘델은 이런 말을 남겼다고 한다. "나는 내 과학 연구에 아주 만족하고 있다. 머지않아 세상에서도 인정해 줄 것이다."(『유전학의 탄생과 멘델』, 에드워드 에델슨)

'멘델의 법칙'이 탄생하다

생전에 아무 평가도 받지 못했던 멘델의 연구는 나중에 가서야 같은 해에 세 명의 과학자가 각기 다른 장소에서 증명함으로써 주목받게 된다.

1880년대 후반, 네덜란드의 식물학자 휘호 더프리스Hugo de Vries (1848~1935)의 연구가 그 도화선이 되었다. 그는 생물에서 부모 자식 간에 변화가 일어나는 것은 주변 환경의 영향 때문이 아니라, 원래 세포 속에 있는 유전 요소가 부모로부터 자식에게 전달되기 때문이라는 것을 밝혀냈다. 독일의 식물학자 칼 코렌스Carl Correns(1864~1933)는 더프리스가 이러한 내용을 담아 1900년에 발표한 논문을 읽고 자극을 받는다. 그는 옥수수를 이용해 실험한 결과 우성과 열성이 3 대 1로 출현한다는 것을 확인한 다음 논문을 썼는데, 그 논문의 표제에 "멘델의 법칙"이라는 표현을 사용했다. 마지막 한 사람은 오스트리아의 에리히 폰 체르마크Erich von Tschermak(1871~1962)이다. 그는 완두를 가지고

그레고르 멘델.

실험을 했고, 코렌스와 같은 1900년에 논문을 발표했다. 이 세 사람은 독자적인 실험을 통해 발견을 한 뒤에 멘델의 논문을 토대로 수학적인 해석을 통해 증명했다. 사후 16년이 지났음에도 멘델은 당시 첨단을 달리던 학자들의 실험에서 본보기가 된 것이다.

멘델이 이룬 업적의 의의는 이에 그치지 않는다. 유전형질이 식물의 교배에 의해 혼합되지 않고, 유전의 '요소'가 대를 이어 규칙적으로 이어져 내려간다는 멘델의 발견은 진화론의 문제점에 대해 몇 가지 명쾌한 해답을 던져 주기도 했다. 예컨대 다윈이 생물 진화의 메커니즘이라 생각했던 자연선택(도태)설은 증명 가능성이 의문시되었으나, 멘델의 법칙에 따라 대안을 제시할 수 있게 되었다.

한편 멘델이 제창한 유전의 '요소'가 무엇일까에 대해서는 처음부터 큰 의문이었다. 그 답을 구하기 위해 많은 과학자들이 노력하고 괴로워한 것이 그 후의 생물학의 역사라고도 할 수 있다. 먼저 미국의 과학자 월터 서턴Walter Sutton(1877~1916)이 세포 속에 존재하는 염색체가 유전의 요소라고 주장했다. 그것은 독일의 생물학자 발터 플레밍Walter Flemming(1843~1905)이 1879년 염색체를 발견한 뒤 이뤄 낸 성과에 바탕을 둔 주장이었다. 그 후 미국의 생물학자 토머스 모건Thomas Morgan(1866~1945)이 초파리의 염색체를 연구하여 유전자의 소재를 나타내는 염색체 지도를 작성했다. 여기서 모건은 염색체의 일부가 유전자로서 기능한다는 것을 밝혀내어 멘델이 말한 유전의 '요소'가 실제로 세포 내에 존재한다는 것을 처음으로 증명했다.

그리고 20세기 중엽에 이르러 유전자를 전달하는 것의 정체가 DNADeoxyribonucleic Acid라는 것과 유전 정보 전달의 메커니즘이 DNA

가 가진 이중나선 구조에 있다는 사실이 밝혀진다. 유전에 대한 연구는 여기서 일약 분자 수준까지 발전하여 현대에 와서는 유전자 조작에까지 이어진다. 현대 유전학은 게놈(유전을 지배하는 인자)을 가지고 유전과 관련된 모든 의문에 해명을 완료하고 있는 상태에 와 있다. 20세기 초 세 사람의 과학자가 재발견한 멘델의 연구가 오늘날의 게놈 연구에까지 그 맥이 이어져 있는 것이다.

멘델에게서 찾은 과학자의 자질

나는 종종 과학자가 되기 위해 중요한 자질이 무엇이냐는 질문을 받는다. 이때마다 나는 가설을 세우는 능력과 실험-실증을 수행하는 인내력을 그 요건으로 든다. "무엇을 대상으로 연구할 것인가?"라며 아이디어를 떠올리는 것이 가설을 세우는 과정이다. 실험-실증은 그 가설을 실제로 증명하기 위해 데이터를 모으는 것이다. 이때 가끔은 이론적으로 의미 부여를 하고자 하는 노력도 필요하다.

 멘델은 실로 실험과 실증의 왕이라 할 수 있다. 그는 무려 1만 주(株)가 넘는 완두를 재배하여 1만 3000건의 결과를 얻어 그 데이터를 해석했다. 뿐만 아니라 다른 식물을 가지고도 확인해 보고자 까치콩을 대상으로 실험했다. 실제로 연구를 해 본 사람이 아니면 알 수 없겠지만, 과학자들은 지루하게 계속되는 실험과 검증 작업 속에서 어떻게든 빨리 결과를 내 버리고 싶다는 마음의 갈등을 아주 자주 겪는다. 그런 와중에서 멘델이 보여 준 꼼꼼함과 강한 끈기는 존경받아 마땅하다.

과학자들은 크게 두 부류로 나눌 수 있다. 실험과 실증을 통해 자연계에서 1차 데이터를 얻는 사람과 이를 요리하여 재미있는 이야기로 만들어 내는 사람이다. 멘델은 전형적인 전자 유형의 과학자이다. 그리고 앞서 말한 다윈은 후자라 할 수 있다. 멘델은 다윈처럼 자신의 연구를 세상이 받아들일 수 있도록 전략적으로 사고하고 행동하는 사람이 아니었다. 그는 그냥 식물이 너무 좋은 나머지 틈만 나면 연구에 몰두했을 뿐이다. 나중에 수도원장이 된 후에도 틈틈이 시간을 내어 재배와 연구를 계속한 것을 보면, 그가 연구를 얼마나 좋아했는지 알 수 있다. 평범한 회사원으로 일하면서 연구를 하고 노벨 화학상을 수상한 일본의 다나카 케이이치도 이런 맥락이라 할 수 있다.

앞서 말한 두 가지 타입 모두 과학의 발전을 위해 중요하다 할 수 있으나, 전혀 예상치 못한 위대한 과학의 발견은 대개 파브르처럼 오타쿠 같은 연구자들이 만들어 낸다.

세상에서 하나뿐인 멘델의 포도나무

도쿄도 분쿄구에 있는 도쿄대학 대학원 이학계 연구과 부속 고이시카와 식물원을 방문해 보라. 문을 열고 길을 따라 걷다 보면, 오른쪽 제일 안쪽 시바타 기념관 바로 앞에 유난히 소중하게 보호받고 있는 뉴턴의 사과나무를 볼 수 있다. 그리고 그 오른쪽에 멘델의 포도나무가 있다.

멘델의 포도나무는 1913년에 고이시카와 식물원 제2대 원장인 미요시 마나부 교수가 정성을 다해 심어 놓은 것이다. 빈 학회에서 돌아오던 길에 멘델이 연구를 하던 수도원에 들러 일부러 얻어 온 것이란다. 말은 쉽지만, 그 옛날에 쉽게 가져올 수 있었을 리가 없지 않은가. 머나먼 시베리아 철도 여행을 거쳐 이듬해 봄에야 간신히 일본에 도착했다고 한다. 역사적으로 위대한 사람의 유물을 소중하게 보존하는 것은 세계인의 상식이라고도 할 수 있으나, 이 멘델의 포도나무는 76년 후 다시 한 번 머나먼 여행을 떠나게 된다.

그런데 왜 고이시카와 식물원에 있는 것이 완두가 아니라 포도나무인 것일까? 멘델이 살던 당시의 농민들에게 포도나무는 그대로 생계에 직결되는 중요한 것이었다. 질 좋은 포도는 좋은 와인을 만들어 낸다. 포도의 품종 개량은 수도원에서 아주 중요한 일 중 하나였다. 브륀 수도원 소속이었던 멘델은 어린 시절 과수원에서 아버지가 가르쳐 준 접목 기술을 활용하여 포도 육성에 힘을 기울였다. 연구 결과를 호기심 충족이나 자기만족으로 그치는 과학자도 적지 않으나, 그는 자신이 가진 지식을 농민들을 위해 모두 사용했다. 말하자면 멘델의 포도는 그가 가진 능력을 사회에 환원할 수 있는 가장 빠른 길이었다.

그러나 제2차 세계대전으로 인한 혼란과 종교적 박해로 1949년 수도원이 폐쇄되고, 멘델이 개량한 포도 품종도 이때 흩어져 버렸다. 다행히 세계가 안정 추세로 들어간 1989년, 고이시카와 식물원의 포도나무가 다시 고향 땅으로 돌아가게 되었다. 유서와 출처가 정확히 멘델의 포도나무와 일치하는 것은 세상에서 이 나무 하나뿐이었기 때문이다.

현재 브륀 수도원은 멘델 기념관이 되어 있고, 전란을 헤쳐 나온 멘델의 포도가 조용히 그 앞에 서 있다.

『식물의 잡종에 관한 연구』 중에서

- 잡종 1세대에서는 숨겨져 있는 형질을 열성이라 부르기로 하자. '열성'이라는 단어를 선택한 이유는 이 명칭으로 불리는 성질이 잡종 1세대에서는 겉으로 드러나지 않지만, 나중에 보듯 조금도 변하지 않고 손자 대에서 다시 나타나기 때문이다.

- 여기서 명백하게 알 수 있는 점은, 두 개의 대립형질을 가진 잡종 1세대 사이에서 태어난 잡종 2세대는 그 가운데 반수가 잡종이 되고, 나머지 반수는 우성 또는 열성의 형질만을 가진 순종이 같은 비율로 생겨난다는 것이다.

- 어떤 계통의 식물에서 다양한 모습으로 나타나는 불변의 형질은, 인공 수정을 반복하면 조합의 법칙에 따라 가능한 모든 조합의 형태로 출현한다.

Column

『감의 씨』

— 데라다 도라히코 지음

데라다 도라히코寺田寅彦는 메이지-다이쇼 시대의 저명한 물리학자로서 도쿄대학 교수인 동시에 문학에도 조예가 깊은 인물이다. 나쓰메 소세키의 소설『산시로三四郞』에 등장하는 이학사 노노미야의 모델로도 유명하다.

『감의 씨柿の種』(1948)는 그가 관여하고 있던 하이쿠 잡지『시부카키渋柿』의 권두 에세이를 모은 것이다. 주변에서 일어나는 여러 가지 현상에 대해 1쪽 안팎의 분량에 짧은 문장으로 썼는데 날카로운 필력이 느껴진다.

과학이라는 것은 수없이 많은 다양한 현상으로부터 본질을 유추하는 것인데, 이는 하이쿠와도 공통되는 부분이 있다. 5, 7, 5조에 총 17자로 삼라만상을 그리는 것이 하이쿠의 세계다. 풍물이나 계절 등을 포함하여 다양한 정서를 아주 짧고 금욕적으로 정형화하여 표현하는 하이쿠는 일본 문학이 자랑하는 예술이다. 이런 세계에서 활동하는 동호인들을 향하여 그는 주옥같은 산문을 매호 써냈다.

개인적으로는 이 책이 노벨상 급의 발견을 한 물리학자이기도 한 데라다 도라히코가 쓴 최고의 작품이 아닐까 생각하고 있다.

맨 첫 장에 아주 좋은 구절이 있다.

 버려진 한 알의 감 씨가
 싹을 틔울지 못 틔울지
 달콤할지 떫을지는
 흙의 좋고 나쁨에 달려 있네.

 짧고 아름다운 문장 속에 은근한 정경이 그려져 있다. 데라다 도라히코는 언뜻 보면 서로 전혀 상관없을 것 같은 과학과 문학을 오랫동안 멋지게 양립시켰다. 본래 이과와 문과라고 하는 구별 따위는 존재하지 않았다. 단지 수험 과목의 편의성을 위해 임의로 분류해 놓은 것으로, 한국과 일본에만 있는 나쁜 관행이라 하겠다. 그리고 뛰어난 사람의 감성이란 어느 곳에 가져다 놓아도 잘 호응하기 마련이다.
 『감의 씨』의 서문에는 "되도록 마음이 번잡하지 않으며 느긋하고 여유 있을 때 한 구절씩 천천히 음미하며 읽어 주시기를 바란다."라고 쓰여 있다. 책장을 휙휙 넘기다가 마음 가는 곳부터 읽기 시작해도 전혀 지장이 없다.
 망중한忙中閑이라는 말이 있다. 바쁜 사람일수록 틈틈이 이 책을 읽으며 과학자 데라다 도라히코의 신비한 감성을 한번 진하게 음미해 보길 바란다.

Books
함께 읽으면 좋은 책들

내가 아는 생물학자들과 나를 아는 생물학자들은, 단언컨대 멘델이 1865년에 쓴 「식물의 잡종에 관한 실험」을 읽지 않았을 것이라고 믿는다. 독일어로 된 논문을 읽을 수 있는 사람도 몇 안 될뿐더러, 혹시 그 논문이 영어로 번역되어 있다고 하더라도 딱히 찾아 읽을 이유가 없기 때문이다.

그런데 얼마 전 이 논문이 『식물의 잡종에 관한 실험』(2009, 지만지)이란 제목으로 우리나라에 출간되어 있는 것을 보고 깜짝 놀랐다. 분량이 119쪽밖에 안 되니 멘델의 유전법칙을 가르치는 생물 교사라면 읽어 보는 것도 괜찮을 듯하다. 물론 멘델의 유전법칙을 이해하기 가장 좋은 방법은 중·고등학교 과학 교과서를 보는 것이다.

그런데 재미있는 사실이 하나 있다. 멘델이 쓴 논문에는 '유전'이라는 단어도 '유전법칙'도 나오지 않는다. 그렇다면 모든 생물학책들이 '멘델의 법칙'이라는 이름으로 소개하고, 모든 학생들이 배워야 하는 그 법칙의 진짜 창안자는 누구인가 하는 흥미로운 질문이 제기되어야 할 것이다.

이 질문에 대한 답을 찾으려면 『정원의 수도사-유전학의 아버지 멘델의 잃어버린 삶과 업적』(2006, 사이언스북스)을 읽어 봐야 한다. 이 책은 단순히 멘델의 전기가 아니다. 수많은 멘델의 전기와 마찬가지로 그의 일생을 장황하게 다루고는 있지만 책의 후반, 즉 거의 절반에서 멘델의 법칙이 재발견되는 과정을 자세히 다루고 있다. 문제는 세 명의 연구자가 멘델의 실험과 유사한 실험을 하고 같은 결과를 얻었다는 것이다. 이들은 누가 먼저 발견했는지를 두고 서로 다툰다. 그러다 결국 해결점을 찾기 위해 멘델을 유전학의 아버지로 인정하게 된다.

멘델은 생전에 세계적으로 권위를 인정받고 있던 찰스 다윈에게 자신의 논문이 실린 논문집을 보냈다. 하지만 다윈은 논문집에서 멘델의 논문만 빼고 다 읽었나. 다윈이 수학을 좋아하지 않는데, 멘델의 논문에는 무수히 많은 숫자가 있었기 때문이라고 짐작된다. 멘델의 연구는 35년 이상 세상 밖에 있었다. 모든 생물학자들이 수학을 싫어해서도 아니고 멘델의 연구가 시대를 너무 앞섰기 때문도 아니다. 멘델의 글이 이해하기 어려운 수준이었기 때문이다. 멘델의 논문은 1900년 이후 영어로 번역되었다. 이때 번역자는 멘델의 글에서 명료하지 않은 대목들을 손질하여 원문을 개선했고, 멘델의 논문은 이후 읽히기 시작했다.

멘델의 일생과 멘델의 유전법칙, 그리고 현대의 유전학에 대해 두루두루 교양을 쌓기 원한다면 『유전학의 탄생과 멘델』(2002, 바다출판사)을 권한다. 20권으로 구성된 'OXFORD 위대한 과학자' 시리즈 가운데 한 권이다. 이 시리즈는 전체적으로 청소년 눈높이에 잘 맞추어져 있으면서도 내용이 충실하다. 자신 있게 추천한다.

멘델은 운이 좋았다. 콩의 모양과 색깔 등 멘델이 선택한 형질들은 같은 염색체 위에서 연관되어 있지 않다. (사실 멘델은 유전자의 존재도 몰랐다.) 현대 유전학자들은 실험 생물로 애기장대라는 식물과 초파리를 많이 선택한다.

유감스럽게도 애기장대에 관한 책은 없지만 초파리에 관해서는 좋은 책이 두 권 있다. 『20세기 유전학의 역사를 바꾼 초파리』 (2002, 이마고)와 『초파리의 기억』(2007, 이끌리오)이 그것이다. 특히 『초파리의 기억』은 인간의 행동 유전에 관한 비밀을 추적한 시모어 벤저의 이야기로, 마치 소설처럼 흥미진진하게 전개되는 가운데 유전학이 진화학, 동물행동학, 분자생물학과 어떤 관계가 있는지 상세하게 알려 준다.

멘델은 유전학의 아버지이다. 하지만 멘델만으로 현대 유전학을 다 설명할 수는 없다. 유전학의 세계는 무궁무진하므로, 유전학에 대해 알고 싶다면 더 많은 다양한 책을 읽어야 할 것이다.

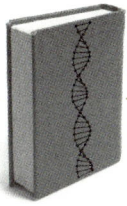

4
노벨상을 쟁취하기 위한 과학자들의 욕망과 경쟁
이중나선
The Double Helix

전 세계의 의학과 생명과학을 선도한 왓슨

미국을 대표하는 분자생물학자 제임스 왓슨 James Watson(1928~)은 시카고에서 지적인 부모 사이에서 태어났다. 아버지의 서재에는 책이 수천 권 있었다고 한다.

어린 시절 왓슨은 실로 호기심이 왕성했다. 그가 다녔던 초등학교의 교사는 쉴 새 없이 쏟아지는 왓슨의 "왜?"라는 공격 때문에 미리 집에서 공부를 했다고 한다. 말하자면 집에서 숙제를 하는 게 학생이 아니라 교사였다는 얘기다. 또 왓슨은 친구들과 함께 노는 것보다 책을 읽고 지식을 쌓는 것을 더 좋아했으며, 당시 인기 있던 라디오 퀴즈 프로그램에서 연전연승하여 100달러 상당의 상품을 받기도 했다. 어떤 의

미로는 귀여운 구석이라곤 전혀 찾아볼 수 없는 신동 같은 아이였다.

왓슨은 열다섯 살 어린 나이에 시카고 대학, 그것도 우수한 학생을 위해 만들어진 특별 과정에 입학한다. 그러나 천재들이 흔히 그러하듯 잘하는 과목과 그렇지 못한 과목의 차가 심했고, 수업 때 노트 필기를 거의 하지 않아 이를 고깝게 보는 교수들이 꽤 있었다고 한다. 그럼에도 그중 한 명은 "본의 아니게도 왓슨에게 최고점인 A학점을 줄 수밖에 없었다."라고 말할 정도였으니, 왓슨이 얼마나 명석한 학생이었는지는 금방 눈치챌 수 있을 것이다.

시카고 대학에서 왓슨은 조류학에 흥미를 붙였다. 그러던 어느 날 그는 앞으로 그의 인생을 결정할 책과 만나게 된다. 에르빈 슈뢰딩거 Erwin Schrödinger(1887~1961, 노벨 물리학상을 받은 이론물리학자로 파동역학의 선구자-옮긴이)가 쓴 『생명이란 무엇인가What is Life?』였다. 그는 즉각 생명의 비밀을 규명하는 연구에 마음을 빼앗기게 되고, 그 뒤 유전학을 공부하기 위해 인디애나 대학의 대학원에 진학한다.

왓슨은 22세에 대학원을 마치고 동물학 박사 학위를 취득한 뒤 유럽으로 떠난다. 이때부터 그의 맹렬한 전진이 시작된다. 덴마크 코펜하겐 대학에서 헤르만 칼카르Herman Kalckar(1908~1991, 덴마크의 생명공학자로 '세포 호흡' 연구의 선구자-옮긴이) 교수와 함께 연구를 하며, 세포 내 염색체에 들어 있는 DNA가 생물의 유전에 관한 열쇠를 쥐고 있다는 사실을 알게 된다.

23세에는 영국 케임브리지 대학의 캐번디시 연구소로 옮겨 가 프란시스 크릭Francis Crick(1916~2004)과 함께 DNA 구조를 분석한다. 그리고 이듬해 두 사람은 DNA의 이중나선 구조를 밝혀내어 이를 공동 발표한다. 이 세계적인 발견으로 왓슨은 프란시스 크릭, 모리스 윌킨스 Maurice Wilkins(1916~2004)와 함께 노벨 생리의학상을 받게 된다. 왓슨의 나이 34세 때의 일로, 그때까지 사상 최연소 수상이었다.

논문 발표 후에 그는 미국으로 돌아와 캘리포니아 공과대학과 하버드 대학에서 분자생물학 연구를 계속하며 33세에 하버드 대학 분자생물학 교수, 40세에 콜드스프링하버 연구소 소장을 역임한다. 61세에는 세계의 의학과 생명과학을 선도하는 미국국립보건원의 인간게놈프로젝트센터의 원장이 된다. 그리고 현재까지 생명과학을 주도하는 과학자로서 활약하고 있다.

한마디 덧붙이자면, 왓슨의 가운데 이름인 '듀이'는 교육자와 정치가로서 미국 사회에 강력한 영향을 끼친 존 듀이John Dewey(1859~1952)의 이름에서 따왔다. 왓슨이 그러한 인물이 되기를 바라는 마음에서

2007년 콜드스프링하버 연구소에서의 제임스 왓슨.

부모가 붙여 준 것이다. 왓슨 부모의 바람은 고스란히 이루어졌다고 봐도 무방하리라.

이중나선 발견의 다큐멘터리, 『이중나선』

1953년 유전자를 이루는 기본 물질인 DNA의 이중나선 구조가 과학계에서 최고 권위를 가진 『네이처Nature』에 게재되었다.

이중나선이란 두 개의 곡선이 꽈배기 모양으로 얽혀 있는 구조를 말한다. DNA의 이중나선은 오른쪽으로 말려 올라가는 입체 구조이다. 즉 오른쪽 방향으로 돌면서 올라가는 나선 계단을 상상하면 된다. DNA는 세 가지 물질, 즉 염기, 당류(디옥시리보스), 인산으로 구성되어 있다. 또 염기는 구아닌(G), 사이토신(C), 아데닌(A), 티민(T)으로 구성되어 있다. 당시 24세에 불과했던 생화학자 왓슨이 원래는 물리학자였던 크릭과 함께 이러한 것들로 분자모형을 짜 맞추어 이중나선의 구조를 생각해 낸 것이다.

왓슨은 이때 이미 이중나선 발견의 자초지종을 다큐멘터리 형식으로 남기기로 마음먹었으며, 노벨 생리의학상 수상 6년 후 『이중나선 The Double Helix』을 세상에 내놓는다. 이 책에는 세계적인 발견을 둘러싼 격렬한 선두 다툼이 적나라하게 묘사되어 있다.

생물학에 혁명을 가져온 DNA의 이중나선 구조를 밝히는 과정을 담고 있는 이 책은 그 어떤 소설보다도 흥미진진하다. 약관 24세로 이제 막 학계에 발을 들여놓은 왓슨이 노벨 화학상을 수상했던 라이너스 폴링Linus Pauling(1901~1994)을 비롯해 거물 과학자들을 차례차례

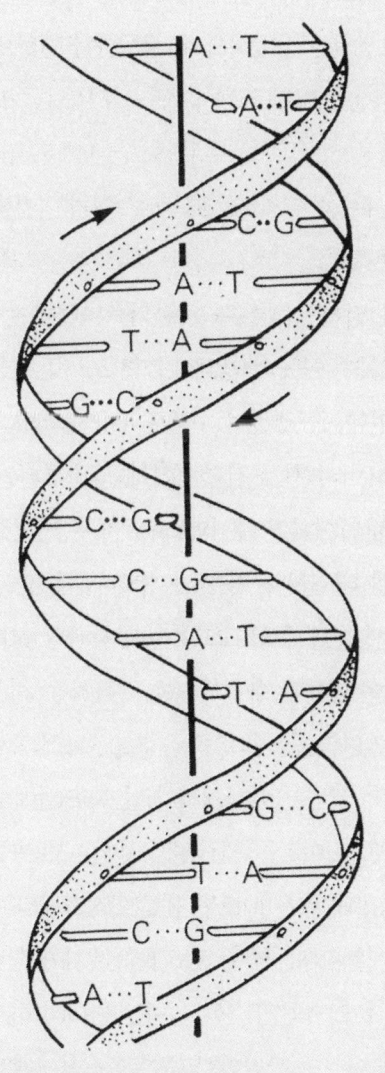

DNA의 이중나선 구조. 당과 인산으로 되어 있는 두 개의 골격이 나선 모양으로 얽혀 있다.(『이중나선』, 1968)

앞질러 가는 에피소드 또한 무척 재미있다. 실제로 경험을 한 과학자만이 쓸 수 있는 생생한 논픽션으로, 생물학을 전혀 모르는 사람이 읽어도 충분히 즐거운 책이다.

인간의 유전자 정보 해독에서 게놈 의료까지

이중나선 구조를 밝혀낸 왓슨과 동료 과학자들에게 노벨상을 수여한 이유는 "핵산의 분자 구조와 생체에서 정보 전달 역할"이라는 한 구절로 잘 정리되었다. 즉 생물이 무생물과 구별되는 가장 기본적인 요인 중 하나인 '유전'의 정보 전달 과정을 규명했다는 데 대해 최고의 영예가 주어진 것이다. 그것은 생물학계에서 미해결된 과제로 남아 있던 가장 중요한 테마였다. 유전의 메커니즘을 분자 단계에서 물리, 화학 정보를 가지고 해명했다는 것은 엄청나게 획기적인 성과였다. 왓슨-크릭 모델은 멘델의 유전법칙에 필적하는 20세기 최고의 발견이라고도 할 수 있다.

이중나선 구조의 발견은 반세기가 지난 2003년에 거대한 과학의 성과로 결실을 맺었다. 미국, 영국, 일본 등의 과학자들이 참가한 국제 프로젝트에서 마침내 인간의 모든 유전자 정보를 해독하는 데 성공한 것이다. 인간의 모든 것을 지배하는 약 30억 개에 달하는 생물학적 정보 설계도가 드디어 해독된 것이다. 이로써 단순히 생물학뿐 아니라 의학과 치료법에 이르는 광범위한 분야에서 신세계가 열리게 되었다. 이를테면 유전자 결손으로 인한 질환의 치료, 환자 개개인에 적합한 유전자 치료, 유전 체질에 맞춘 의약품 개발 등에서 커다란 진전이 예상되고 있다. 이를 게놈 의료라고도 하는데, 새로운 의료 비즈니스의 총아가 될 것으로 기대를 모으고 있다.

왓슨-크릭 모델, 그리고 프랭클린

『이중나선』에는 이중나선의 발견을 둘러싸고 연구에 몰두하는 과학자들의 인간적인 모습이 가감 없이 그려져 있다. 그러한 생생한 에피소드가 이 책의 매력 중 하나라고 하겠다.

주인공인 왓슨과 크릭은 핀과 판자를 사용하여 DNA 구조의 모형을 만든다. 그러나 이 작업은 그렇게 간단하지 않아서 생각만큼 잘 만들어지지 않는다. 어린아이가 집짓기 블록으로 성을 만들 듯 두 사람은 온갖 시행착오를 거듭한다. 그러다 발상의 전환으로 힌트를 얻은 두 사람은 DNA가 꽈배기 모양으로 꼬인 이중의 나선 구조로 되어 있다는 결론에 도달한다. 그들이 밝혀낸 자연의 비밀은 단순하면서도 아름다운 것이었다. 실망과 환희. 해답을 벌써 알고 있는 우리들이 읽어도 손에 땀을 쥐는 순간들이 펼쳐진다.

또 이 책에는 노벨상을 쟁취하기 위해 많은 과학자들이 욕망을 드러내며 연구 경쟁으로 나날을 보내는 모습들이 생생하게 묘사되어 있다. 과학 현장에 있는 나는 이미 잘 알고 있는 사실이지만, 처음 보는 사람들은 이 부분에서 가장 많이 놀랄 것이다. 과학자의 흥분과 초조, 합리주의와 야망, 그리고 동지와 적으로 갈리는 모습도 연구 경쟁 중에는 일상적으로 일어나는 일이다. 특히 노벨 화학상 수상자인 라이너스 폴링이 또 한 번 노벨상을 받기 위해 기를 쓰는 모습은 무시무시하기까지 하다. 그와 경쟁하던 왓슨과 크릭은 근소한 차이로 먼저 이중나선 구조를 규명한다. 과학자란 호기심 측면에서만 보면 오타쿠와 비슷한 구석이 있으나, 선점 경쟁에 들어서면 비즈니스맨도 명함을 내밀지 못할 정도로 집중력과 적개심을 불태우는 존재이기도 한 것이다.

성격이 밝고 지기 싫어하는 왓슨이 사람을 사귀는 데 서툴고 고집이 센 크릭과 묘하게 콤비를 이루는 모습도 미소를 자아낸다. 미국에서 자유분방하게 자란 왓슨이 유럽 학계를 대표하는 케임브리지 대학의 유서 깊은 연구소에서 겪는 문화적 갈등도 상당히 재미있게 그려져 있다.

『이중나선』은 어디까지나 철저하게 왓슨의 입장에서 쓴 책이다. 사실 왓슨과 크릭이 거둔 성공의 뒷면에는 중요한 과학자가 더 있다. 모리스 윌킨스와 로절린드 프랭클린Rosalind Franklin(1920~1958)이 바로 그들이다. 그들의 X선 분석 데이터는 이중나선 구조를 밝히는 데 결정적인 단서가 되었다. 윌킨스는 다행히 이 공적으로 왓슨과 크릭에 이어 세 번째 노벨상 수상자로 이름을 끼워 넣을 수 있었다. 그리고 후에 『이중나선의 세 번째 남자The Third Man of the Double Helix』라는 책까지 펴낸다. 그러나 프랭클린은 불행히도 이 영광의 순간을 함께하지 못했다. 노벨상 선정 결과를 듣기도 전에 37세의 젊은 나이로 세상을 떠난 까닭이다. 노벨상 규정상 수상자는 생존 인물로 제한되어 있다. 그녀와 왓슨의 관계에 대해서는 『이중나선』이 출간되고도 긴 시간 논란을 빚었다.

DNA의 구조를 해명하는 데 있어 프랭클린의 연구 내용은 왓슨에게 반드시 필요한 정보였다. 왓슨은 그녀의 연구 내용을 단순히 참고

하는 것에서 한발 더 나아가 그 본질을 제대로 파악해 냈다. 그러나 세간에서는 왓슨이 프랭클린의 뢴트겐 사진을 가로챈 것이 아니냐 하는 이야기가 심심치 않게 흘러나왔고, 왓슨은 그러한 논쟁에 대해서도 이 책에 기술했다. 다만 프랭클린에 대한 이야기가 책 내용 중에 제대로 쓰여 있지 않은 것은 사실이다. 왓슨은 책 후기에서 젊은 나이에 세상을 떠난 훌륭한 과학자 프랭클린에게 추도의 뜻을 표했다.

근래에 프랭클린의 연구 노트에 대한 상세한 고찰이 이루어지면서 그녀 또한 DNA의 이중나선 구조에 대한 이미지를 가지고 있었다는 사실이 밝혀졌다. 그 때문에 DNA의 이중나선 구조에 붙은 '왓슨-크릭 모델'이라는 이름에 '프랭클린'도 추가해야 한다는 목소리가 만만치 않게 흘러나오고 있다. 지금도 논란이 되고 있는 세기의 에피소드라 하겠다.

왓슨이 노벨상을 받은 것이 단순히 '운'이라고?

『이중나선』은 순수 과학을 다루고 있는 책인데도 불구하고 미국에서 베스트셀러의 반열에 올랐다. 그 뒤 전 세계에서 번역되었는데, 일본에서도 1968년에 에가미 후지오 교수와 나카무라 케이코 박사가 훌륭하게 번역했다.

『이중나선』의 일본어 번역본이 출간되던 해에 나는 중학생이었는데, 과학 선생님이 바로 겨울방학 과제 도서로 지정했다. 당시 중학교 1학년이었던 내가 이 책의 번역 초판본을 읽었던 것이다. 그리고 이 책은 내가 최초로 읽은 과학책이기도 하다.

『이중나선』을 처음 읽고, 나는 금세 DNA의 세계로 빠져들었다. 자연이라는 것이 얼마나 정교한 세계인지……. 생물학의 기본 문제를 화학자와 물리학자가 함께 해명했다는 것에도 적잖이 놀랐다. 많은 시행착오를 거쳐 판명된 DNA의 구조란 실로 아름다웠다. 생물학이 자연과학의 중심이 될 것임을 예감한 순간이었다.

『이중나선』에 대해 나와 같은 감상을 갖고 있던 고교 시절의 한 친구는 평소에도 뛰어났던 화학과 물리 실력을 더욱 갈고닦아 생명과학자가 되었다. 이 책은 세계의 많은 젊은이들에게 분자생물학의 매력을 알리는 일종의 계발서의 역할도 한 것이다.

과학자들이 서로 맹렬하게 경쟁하면서 지식의 저변을 확대해 나가고 있다는 사실을 내게 가르쳐 준 것도 바로 이 책이었다. 눈 감으면 코 베어 가는 과학자들의 세계에서 왓슨은 전략적으로 빈틈없이 행동하면서도 목적을 향해 돌진했고 마침내 성공을 거머쥐었다. 왓슨은 처음부터 노벨상을 염두에 두고 연구를 했기에, 글 곳곳에서 폴링에 대한 대결 의식을 숨김없이 드러냈다. 게다가 목표한 바를 이룬 다음에 자신의 성공담을 책으로 내겠다는 생각으로 모든 연구 과정을 꼼꼼히 기록했다는 말까지도 당당하게 하고 있다.

그 당시 왓슨이 했던 이미지 트레이닝에서 보여지는 간절함과 전략적인 모습은 타의 추종을 불허하는 것이었다. 그는 완성된 DNA 구조 모형을 절실하게 그리며 아무리 힘든 일도 기꺼이 뛰어넘었다. 왓슨과 크릭은 연구를 시작할 때부터 DNA의 구조를 규명하여 전 세계에서 각광을 받는 자신들의 모습을 그리며 성공에 대한 이미지 트레이닝을 했던 것이다.

또 한 가지 주목할 점은 왓슨의 집중력과 더불어 무모하리만치 자기 자신을 믿는 마음이라 하겠다. 결국 연구 경쟁에서 승리한 것은 연구의 목표와 본질만을 외곬으로 추구한 왓슨이었다. 분자생물학자 와타나베 교수는 왓슨에 대해 "양말을 짝짝이로 신고서도 전혀 신경 쓰지 않고 연구에만 몰두했다."라고 술회했다. 왓슨은 결코 평범한 과학자가 아니었던 것이다.

왓슨에게는 운이 좋았을 뿐이라는 평가절하의 말들이 종종 따라붙는다. 그러나 나는 그렇게 생각하지 않는다. 그가 행운을 끌어들이기 위한 전략을 세우고 있었다는 것은『이중나선』을 통해 알 수 있었기 때문이다. 우연이란 결국 제대로 준비되어 있는 사람을 찾아가는 법이다. 과학의 세계에서도 예외란 없다.

『이중나선』 중에서

- 당시 DNA는 아직 수수께끼의 물질로서 누군가가 그 비밀을 풀어주기만을 기다리고 있었다. 누가 그 비밀을 손에 넣을 것인지, 또 DNA가 엄청난 것임이 밝혀진다 해도 우리들이 은밀하게 믿고 있는 것처럼 그 일을 해낸 사람이 제대로 보상을 받을 수 있을지 어떨지는 누구도 알 수 없었다. 그러나 이 치열한 경쟁도 이제는 끝에 다다르고 있다. 나는 승리자의 한 사람으로서 그간의 사정이 평범과는 거리가 멀다는 것, 신문에 보도된 것과도 전혀 다르다는 사실을 잘 알고 있다.

- 폴링 또한 막스 델브뤼크 Max Delbrück(1906~1981, 독일 출신의 미국 분자

생물학자-옮긴이)와 마찬가지로 전혀 사념 없는 감동의 반응을 보였다. 아마도 다른 경우였다면 그는 자신의 학설이 더 높은 점수를 얻을 수 있도록 노력했을 것이다. 그러나 자기상보성을 가진 DNA 분자란 생물학에서 볼 때 압도적으로 훌륭한 개념이기에 그조차도 깔끔하게 승리를 양보했다. ……

폴링이 케임브리지에서 온 것은 금요일 밤이었다. …… 그는 이윽고 모형 점검에 착수했다. 그는 또 킹스 연구실에서 행해진 정량적 측정의 결과를 알고 싶어 했다. 우리는 우리 이론의 뒷받침 증거인 로지가 촬영한 B형 DNA의 X선 회절 사진의 복사본을 보여 주었다. 모든 증거가 우리들의 손안에 있었다. 그것은 움직일 수 없는 사실이었다. 그는 무척이나 품위 있게 "당신들이 정답을 찾았다."라며 인정해 주었다.

Column

『과학 기술의 200년을 되돌아본다』
— 무라카미 요이치로 지음

일본에서는 대학 입시 때 이과계와 문과계를 나누어 시험을 본다. 그 때문인지 일명 '문과 사람'들 중에는 과학에 영 젬병이거나 아예 관심이 없는 사람이 수두룩하다. 저명한 과학자인 무라카미 요이치로村上陽一郎는 이에 위기의식을 느끼고 『과학 기술의 200년을 되돌아본다科学技術の200年をたどりなおす』(2008)를 저술했다.

현대의 과학과 기술은 19~20세기에 걸쳐 밝혀진 과학적 사실을 바탕으로 하고 있다. 이 책의 제목으로 사용된 "과학 기술의 200년"이란 근대 과학이 비약적으로 발전한 시기를 가리킨다. 『과학 기술의 200년을 되돌아본다』는 '과학이 걸어온 길, 기술이 걸어온 길'로 1장의 문을 연다. 2장에서는 '물리학의 성립과 전개', 3장에서는 '생명과학'에 대한 이야기를 풀어놓는다. 이어서 4장에서는 '정보 관련 과학 기술'을 설명하고 있으며, 마지막 장인 5장에서는 무라카미 요이치로의 전문 분야인 '과학사와 과학철학'에 대해 이야기하고 있다. 200년 과학사를 멋지게 아우르는 책이라 할 수 있다.

나는 3장에 등장하는 생물학자 오즈월드 에이버리Oswald Avery(1877~1955)에 관한 이야기를 아주 흥미롭게 읽었다. 에이버리는 분자생물학의 선구자격 인물로, 유전자를 연구할 때 가장 중요한 것이 DNA라는 사실을 밝혀냈다. 20세기 최대의 발견이라 일컬어지는 이중나선 구조의 발견 또한 에이버리의 연구 성과가 없었다면 이루어지지 못했을 것이다. 그 때문에 에이버리는 "노벨상을 받지 못한 학자 가운데 가장 노벨상을 받아 마땅한 학자"로 불리고 있다. 이처럼 역사를 찬찬히 되짚어 올라가 보면, 현대 과학 기술의 정수라 할 수 있는 유전자 조작과 장기 이식의 현주소가 어디쯤인지 가늠해 볼 수 있다.

이 책에서 놓치지 말아야 할 또 하나의 중요 포인트는 무라카미 요이치로가 오랫동안 주장했던 "과학 기술을 바깥에서 바라보는 시점"이다. 근대 과학을 연 데카르트 이후 과학은 종교의 주박에서 벗어나 지적 호기심을 한껏 충족시키며 끝없이 발전하고 있다. 과학자들이 '알고 싶은' 욕구를 바탕으로 마음껏 연구할 수 있는 행복한 시대가 계속되고 있는 것이다.

그러나 언제부터인가 과학자들이 고민하기 시작했다. 제2차 세계대전 중에 미국의 맨해튼 프로젝트(2차 대전 중 미국에서 시행한 원자폭탄 개발 프로젝트의 암호명 - 옮긴이)로 인해 만들어진 원자폭탄이 인간의 살육에 사용되어 과학자들로 하여금 크나큰 반성을 촉구한 것이다. 이 책에서는 이렇게 표현하고 있다. "20세기 후반이 되자 과학에 변화가 생겼다. 과학자 자신의 호기심에 의해 움직이는 '호기심 추구형' 말고도 외부 사회에 대해 사회적 책임을 지는 '사명 달성형'이 등장한 것이다."

단지 '알고 싶어서' 연구를 하는 순진한 과학자는 살아남기 힘든 시대가 왔다. 몇십 년 동안 하나의 주제에 꾸준히 천착하여 독창적인 연구를 하기보다 얼른 성과가 나오는 연구를 선호하는 사람들이 늘어났다. 이 책에는 그러한 변화의 과정이 손에 잡힐 듯 구체적으로 묘사되어 있다.

현대는 좋든 싫든 간에 과학이 만들어 내는 결과에 좌지우지되며 살아가는 시대이다. 과학자가 아닌 보통 사람들도 과학이 이대로 계속 발전하는 것이 좋은지 어떤지 자신의 의견을 피력하고, 그러한 사회적 여론 형성 과정에 참여하지 않으면 안 되는 세상이다. 따라서 일반인들도 기본적인 과학 지식과 관련 상황에 대한 이해가 필요하다. 아무것도 모르면서 무턱대고 과학의 발목을 잡는 일은 생기지 않아야 하기 때문이다.

그런 의미에서도 지금부터는 과학을 둘러싼 현실을 일반인들이 알기 쉽게 전달하는 것이 과학자들에게 또 하나의 중요한 사명이 되지 않을까 한다. 이 책의 마지막에서 무라카미 요이치로는 "과학에 대한 글쓰기 능력의 향상을 위해 일하는 인재, 즉 '과학 기술 커뮤니케이터'의 존재가 점점 중요해지고 있다."라고 했다. 과학의 현주소를 가장 정확하게 알고 있는 그만이 할 수 있는 실로 정곡을 찌르는 말이다.

Books

함께 읽으면 좋은 책들

『이중나선』을 읽은 사람이라면 무조건 왓슨과 크릭이 쓴 논문「핵산의 분자 구조Molecular Structure of Nucleic Aids」(1953)를 읽어 봐야 한다.

이 논문은 네이처에서 발행한 논문집 『네이처』 171권 737~738쪽에 실려 있다. 이 논문을 찾으러 대학 도서관까지 갈 필요는 없다. 인터넷 검색엔진 구글(www.google.com)의 검색창에 "Nature 171, 737-738"이라고 치면 1953년 4월 25일자 『네이처』를 찾아 준다. 거기에서 누구나 이 논문의 pdf 파일을 내려받을 수 있다. 공짜다.

pdf 파일로 딱 2쪽밖에 안 되는 이 짧은 논문으로, 왓슨과 크릭은 1962년 노벨 생리의학상을 수상했다. 『네이처』에 실리는 다른 논문들과 달리 이 논문에는 실험 방법 같은 게 실려 있지 않아서 영어를 좀 한다면 고등학생도 어렵지 않게 읽을 수 있다.

당시 왓슨과 클릭이 일하던 캐번디시 연구소는 단백질의 구조를 밝히는 데 여념이 없었다. 두 사람은 사실 DNA 구조를 밝히는 실험을 하지 않았다. 어떠한 연구비도 지원받을 수 없었기 때문이다. 하지만 이 두 사람은 다른 사람들의 논문 여섯 편으로 DNA 구조를 밝히는 데 성공했다. 이 가운데 한 편은 1947년, 다른 두 편은 1952년에 나온 것이고, 나머지 네 편은 두 사람이 논문을 발표했던 해와 같은 1953년에 나온 것이다.

왓슨과 크릭에게 운만 따랐던 것은 아니지만 운은 정말 중요한 요소였던 것 같다. 크릭은 이후 생화학 분야에서 다양한 업적을 쌓았다. 하지만 왓슨은 교육자, HGP(인간 유전체 프로젝트)의 초대 책임자로 활동하는 등 과학행정가로 성공했을 뿐 생물학자로서 특별한 연구 업적은 없다. 그런데 DNA 이중나선을 설명하는 전 세계 모든 교과서는 '왓슨과 크릭'으로 표기하고 있다. '크릭과 왓슨'이란 표현은 찾아볼 수 없다. 이름이 언급되는 순서를 정하기 위한 동전 던지기에서 왓슨이 이겼기 때문이다. 여기에 왓슨이 출간한 다양한 책들로 인해 사람들이 왓슨을 더 잘 기억하는 이유가 더해졌을 것이다.

『이중나선』 외에 왓슨의 책을 한 권 더 읽고 싶다면 『지루한 사람과 어울리지 마라』(2009, 이레)를 추천한다. 왓슨 본인은 인정하지 않겠지만, 별 볼일 없는 생물학자가 뛰어난 과학자들을 물리치고 가장 중요한 생물학자가 되기까지의 인생을 기록한 자서전이다. 그리고 빼어난 과학자의 글솜씨를 볼 수 있다.

크릭도 대중을 위한 과학책을 썼다. 그는 『놀라운 가설-영혼에 관한 과학적 탐구』(1996, 한뜻출판사)에서 우리의 영혼은 세포들 사이의 정교한 화학작용에 불과하며, 잠자리든 원숭이든 다른 동물들도 나름대로 마음이라고 표현되는 인식작용을 할 가능성이 크다고 주장했다. 『인간과 분자』(2010, 궁리)에서는 '진화-자연선택'이란 무기를 이용하여 생기론生氣論과 기독교를 비판했다. 그가 이들과 싸우는 이유는 비과학적이거나 무지한 구시대의 관념이 새로운 시대의 걸림돌이 되고 있다고 믿기 때문이다.

왓슨과 크릭이 노벨상을 받을 때 모리스 윌킨스라는 또 한 명의 공동 수상자가 있었다. 하지만 로절린드 프랭클린이 살아 있었다면, 아마도 윌킨스의 이름은 거기에 끼지 못했을 것이다. 프랭클린은 『이중나선』에 등장하는 유일한 여성으로 DNA의 X-선 회절사진으로 DNA 구조를 거의 밝힌 상태였지만 연구 업적을 도둑맞았다. 그녀에 관한 이야기를 따로 읽지 않고서는 DNA 이중나선의 구조를 올바로 추적했다고 말할 수 없다. 『로잘린드 프랭클린과 DNA』(2004, 양문)는 선택이 아닌 필수 도서이다.

다시 처음으로 돌아가자. 새에 관심이 있었던 왓슨이 유전학을 연구하게 된 계기는 물리학자 에르빈 슈뢰딩거의 『생명이란 무엇인가』를 읽고 생명의 비밀을 규명하고 싶어졌기 때문이다. 우리나라에는 여러 판본의 번역서가 있는데 『생명이란 무엇인가-정신과 물질』(2007, 궁리)의 번역이 가장 뛰어나다. 또 이 책에는 생명 현상을 철학의 영역까지 확대한 「정신과 물질」 등의 에세이가 더 담겨 있다. 슈뢰딩거는 이 책에서 통계물리학과 양자물리학을 사용해 생명이 무엇인지 간결하게 제시한다. 좀 황당하지 않은가? 그것은 이 책이 1944년에 처음 나왔기 때문이다. 당시는 유전물질이 단백질인지, DNA인지조차도 모르던 시절이었다.

현대 생물학과 진화 이론에 대한 이해가 있다면 『생명이란 무엇인가? 그후 50년』(2003, 지호)을 읽어 볼 필요가 있다. 1943년 슈뢰딩거가 생명에 대해 강연한 바로 그 자리에서 50년 뒤에 여러 분야의 과학자들이 같은 주제로 강연을 했는데, 바로 그 원고들을 모은 책이다. 생명을 진화생물학, 물리학, 생화학, 수학, 뇌행동학, 복잡성과학 등의 측면에서 살펴본다. 스티븐 제이 굴드, 제러드 다이아몬드, 존 메이나드 스미스 등의 글은 우리에게 새로운 도전으로 다가온다.

생명과학 분야에서 가장 많은 독자가 읽은 책 가운데 한 권인 리처드 도킨스의 『이기적 유전자』(2010, 을유문화사)의 핵심 대목은 다음과 같다.

"지금 그들(자기복제자)은 거대한 집단을 이루어서, 덜컹거리는 거대한 로봇 속에서, 외부 세계와 단절된 채, 비비 꼬인 간접 통로를 통해 외부 세계와 소통하며 외부 세계를 원격 조종하고 있다. 그들은 당신과 내 안에 있으며 우리와 몸, 그리고 정신을 창조했다. 그리고 그들의 보존이 우리가 존재하는 궁극적인 이유다."

도킨스의 옥스퍼드 대학 시절 동료인 생리학자 데니스 노블은 그의 책 『생명의 음악-생명이란 무엇인가?』(2009, 열린과학)에서 위의 구절을 정반대로 뒤집었다.

"지금 그들(자기복제자)은 거대한 집단 안에 갇혀서, 고도로 지능적인 존재 안에 붙잡힌 채로, 외부 세계에 의해 본떠지고, 복잡한 프로세스를 통해 외부 세계와 소통하며, 이것을 통해 마치 마법에 걸린 것처럼 맹목적으로 기능이 나타난다. 그들은 당신과 내 안에 있으며, 우리는 그들의 암호를 읽을 수 있는 시스템이다. 그리고 그들의 보존은 온전히 우리 자신을 번식시킬 때 우리가 경험하는 즐거움에 달려 있다. 우리는 그것들이 존재하는 궁극적인 이유다."

생명이란 무엇인가? 이것은 아직도 계속되는 질문이다.

환경과 인간을 생각하는 책

『생물로부터 본 세계』
Streifzüge durch die Umwelten von
Tieren und Menschen

『대뇌 양 반구의 작용에 관한 강의』
Lectures on the Work of the Cerebral
Hemisphere

『침묵의 봄』
Silent Spring

5
생물학의 새로운 세계를 개척하다
생물로부터 본 세계
Streifzüge durch die Umwelten von Tieren und Menschen

곤충과 동물의 눈으로 세상을 본 윅스퀼

야콥 요한 폰 윅스퀼Jakob Johann von Uexkuüll(1864~1944)은 발트 3국의 하나인 에스토니아의 케블라스(지금의 미클리)에서 태어났다. 폰 윅스퀼이라는 이름에서도 알 수 있듯 그의 집안은 남작의 칭호를 받은 귀족 가문이다. 그러나 제1차 세계대전의 발발로 소유했던 재산의 대부분을 잃는다.

그는 도르파트(지금의 타르투) 대학에서 동물행동학을 공부한 뒤 하이델베르크 대학에서 빌헬름 퀴네Wilhelm Kühne(1837~1900) 교수의 지도 아래 비교생리학을 전공한다. 이 시기에 생물이 스스로 만들어 내는 환경, 즉 환세계環世界의 개념이 윅스퀼의 머릿속에서 탄생했으나, 세간에서는 그다지 과학적인 발상이 아니라며 인정해 주지 않았다. 그렇지만 여기서 포기하고 후세로 넘겨 버려서는 안 될 일. 윅스퀼의 고국 에스토니아의 속담 "내 눈이 왕"이라는 말처럼, 자신의 연구에 대한 굳은 믿음으로 끈기 있게 연구를 계속한다. 그러나 그의 연구를 도와주던 퀴네 박사가 세상을 떠나자, 대학에서 나와 실의에 빠진 채 재야 과학자로 세월을 보낸다.

윅스퀼은 43세가 되어서야 겨우 학위를 취득한다. 그러나 학위로 따고 난 뒤에도 주류 학계로는 돌아가지 못한 채 계속 재야에 남게 된다. 다행히 그의 학설을 지지하던 많은 젊은 학자들의 뒷받침으로, 62세가 되던 1926년 윅스퀼은 함부르크 대학에 개설된 환세계 연구소의 명예교수로 위촉되어 이곳에서 연구에 몰두하게 된다.

야콥 폰 윅스퀼.

만년에 명예박사의 칭호를 얻은 윅스퀼은 1944년 이탈리아 남부 카프리 섬에 있는 별장에서 향년 80세를 일기로 삶을 마친다.

인간이 보는 세계와 동물이 보는 세계는 다르다?

『생물로부터 본 세계Streifzüge durch die Umwelten von Tieren und Menschen』('생물로부터 본 세계'는 일본어판의 제목이고, 원제를 우리말로 직역하면 '동물과 인간의 환세계를 두루 섭렵하다' 정도 된다-감수자)는 1934년 베를린에서 출판된 동물학의 고전이다. 환경이 생물에게 갖는 의미를 고찰하고 있는데, 과학은 물론 다방면에 영향을 미치고 있다.

일반적으로 환경이란 우리를 둘러싸고 있는 객관적인 상태의 총칭이다. 나무며 꽃, 기온, 날씨 등 주변에 존재하는 모든 것을 환경이라 일컫는다. 그런데 윅스퀼은 전혀 다른 견해를 갖고 있었다. 그에 따르면, 환경이라는 것은 객관적인 것이 아니라 생물이 자신을 중심으로 하여 의미를 부여하는 것이 본래의 '환경'이라고 한다.

모든 동물은 각자 독자적인 환경을 갖고 있다. 동물을 둘러싼 시간과 공간은 생물학에서 정의하는 것처럼 딱 한 가지로 결정되는 것이 아니라 동물에 따라 각각 다르다. 그리고 그렇게 정의된 환경에 윅스퀼은 '환세계'라는 새로운 단어를 부여했다. 말하자면 모든 동물은 각자 독자적인 환세계를 만들어 나가며 그 속에서 살아간다는 뜻이다. 예를 들어 나무 위에서 사냥감을 기다리던 진드기는 온혈동물인 포유류가 그 아래를 통과할 때 톡 뛰어내린다. 그렇게 순조롭게 포유류의 몸 위에 착지하면 이번에는 촉각을 사용하여 털이 적은 곳을 골

『생물로부터 본 세계』에서.

라 피를 빤다. 이 진드기에게 의미 있는 것은 포유류의 피부선에서 나오는 낙산(부티르산)이다. 결코 장미의 향기나 분뇨가 아니다. 게다가 진드기가 가진 온도 센서는 온혈동물의 체온에만 반응한다. 양서류나 파충류의 체온도 아닐뿐더러 잘 구워진 비프스테이크의 온도는 더욱 아니다. 즉 진드기에게는 낙산을 분비하는 온혈동물의 체온만이 실재하는 환세계이다.

이는 우리들 인간에게도 동일하게 적용된다. 이를테면 '환경문제'라는 것은 인간에게 적합한 세계가 주변에 있는가 없는가 하는 문제이다. 즉 "좋은 환경을 만든다."라는 말은 사실 인간이 살기 좋은 환세계를 구축한다는 의미인 것이다.

이 책은 이런 참신한 학설을 다양한 사례를 근거로 전개하고 있다. 또 공저자인 게오르그 크리자트Georges Kriszat를 포함해 많은 화가들과 연구자들이 그린 풍부한 삽화가 들어 있어 책 내용에 대한 이해를 높이는 데 한몫을 하고 있다. 풍부한 삽화 때문일까. 이 책의 부제가 "보이지 않는 세계의 그림책Ein Bilderbuch unsichtbarer Welten"이다.

그런 그림 중 하나가 왼쪽에 소개된 세 장의 그림으로, 각각 인간이 본 방, 개가 본 방, 파리가 본 방을 묘사한 것이다. 맨 위의 그림은 인간이 보는 방이다. 소파, 조명, 책장, 그리고 테이블 위에 놓인 음식들이 모두 보인다. 같은 방이지만 개에게는 테이블 위에 놓인 음식과 소파는 보여도 책장과 조명은 보이지 않는다. 파리의 입장이 되면 조명과 음식 말고는 아무것도 보이지 않는다. 이처럼 각각의 주체에 따라 의미가 있는 것만 존재한다는 것이 환세계의 개념이다.

여기서 문제가 되는 것은, 많은 객관적인 환경 가운데 어떤 동물이 생존하기 위해 선택한 주관적 환세계란 과연 무엇인가 하는 것이다. 분명 멀리서 보면 모든 동물이 객관적 환경에 적응하면서 살아가고 있지만, 각 동물의 입장에서 보면 자신이 만들어 가는 주관적인 환세계 속에서만 살아가고 있다는 것 또한 부정할 수 없기 때문이다.

이 책의 마지막 장에서 윅스퀼은 인간의 환세계 감각에 대해 언급하고 있다. 예를 들어 천문학자의 경우에는 "지구에서 최대한 멀리 떨어진 높은 탑 위에 거대한 광학적 보조 기구를 사용해 우주에서 가장

『생물로부터 본 세계』의 표지.

먼 별을 볼 수 있는 한 사람이 앉아 있다. 그의 환세계에서는 태양과 혹성이 장중하게 돌고 있다. 그 환세계 공간을 빠져나가기 위해서는 빛의 속도라 해도 수백만 년은 걸린다."라는 것이다.

윅스퀼의 학설은 우리들이 '환경'이라는 단어로 간단하게 정의해 버린 세계를 전혀 다른 시각으로 보게 한다. 참고로 '환세계'는 일본에서 이 책의 번역에 참여했던 동물행동학자 히다카 도시다카 박사가 만들어 낸 말이다. 우리가 기존에 가지고 있는 '환경'이라는 단어에 대한 객관적인 이미지를 배제하기 위한 것이라고 한다.

생물학의 새로운 개척, '환세계'

어찌 보면 혁명적이기까지 한 '환세계'라는 관점을 윅스퀼이 세상에 내놓은 것은 1930년대의 일이다. 이후로 그는 "생물학의 새로운 개척자"라고 불렸다.

한편 환경문제가 세계적인 화두로 떠오른 것은 그의 사후로부터도 한참 뒤인 1970년대이다. 윅스퀼은 지나치게 시대를 앞서 간 사람일지도 모르겠다. 과학적 평가는 대체로 당대에 힘 있는 과학자들에 의해 이루어지므로 진짜 선구자는 인정받지 못하는 경우가 많다. 특히 시대의 흐름에 역행하는 학설이나 개념을 내세우면서, 실험이나 관측에 의한 증거를 즉각 내놓지 못하는 과학적 공적은 다음 세대에까지 보류되어 있다가 사장되기도 한다. 윅스퀼의 환세계도 제대로 된 평가를 받기까지 몇십 년이라는 세월을 기다려야 했다.

더군다나 1930년대는 유물론의 시대였다. 과학은 실재하는 것만 취급하고 모든 것을 실증하려 들었다. 존재하는 것은 모두 객관적으로 정확하게 기술해야만 했던 물리학 제국주의의 전성기였기에, 곤충이나 동물의 눈으로 본 주관적인 세계 같은 것을 과학계에서 받아들여 줄 리가 없었다.

윅스퀼이 말한 "주체가 의미를 부여한 것만이 그곳에 존재하는 것이다."라는 개념은 그 시대에는 전혀 설득력을 갖지 못했다. 그의 시각은 "사람은 자신이 보고 싶은 것을 본다."라는, 시대에 뒤떨어진 유심론으로 취급당했다. 그래서 그는 학자로서 가장 물이 올랐던 시기에 대학과 학계에서 제대로 자리를 잡을 수 없었다.

진드기는 인간보다 가난한 세계에 살고 있다?

윅스퀼의 주장에 따르면, 모든 생물에게는 각자 주관적인 환경의 세계가 있으며 인간도 그 '생물'의 테두리를 벗어나지 못한다. 인간의 경우 이는 사회 구조와 별개의 형태, 즉 개개인의 가치관의 차이로 나타난다. 쉽게 말해 개인은 자신만의 생각 속 세계에서 살아갈 뿐이고 타인의 생각은 알 수 없다는 뜻이다.

윅스퀼이 제창한 환세계는 물리, 화학 분야에서는 무시당했으나 생물을 이해하는 데는 혁명적인 시점을 제공했다. 동물행동학이라고 하는 생물학의 신생 분야에서 윅스퀼의 학설이 결정적인 역할을 한 것이다. 또 마르틴 하이데거Martin Heidegger(1889~1976), 에른스트 카시러 Ernst Cassirer(1874~1945) 같은 철학자에게도 커다란 영향을 미쳤다. 예컨대 하이데거가 윅스퀼의 환세계를 인용하여 "진드기는 인간보다

가난한 세계에서 살고 있다."라고 (오해하여) 말한 것은 유명한 에피소드이다. 그것이 이해였든 오해였든 윅스퀼은 과학자보다는 사상가에게 높은 평가를 받았다고 말할 수 있다.

인류의 존속과 환세계의 관점

윅스퀼의 학설은 철학자 칸트의 인식론과도 통하는 지점이 있다. 즉 인간이 어떤 대상을 인식하기 시작할 때 그 대상은 처음으로 실재하는 것이 된다. 거꾸로 말하면 인간은 자신이 가진 인식 방법으로밖에 대상을 인식할 수 없다는 얘기도 된다. 환세계 관점은 칸트의 인식론의 생물학 버전이라고 해도 좋을 것이다. 극단적으로 말하자면, 환세계란 인간에게 있어 주변 세계를 인식하는 '환상'이다. 인간을 둘러싼 '환경'이라고 하는 개념 자체가 인류의 환상에 의해 성립되는 까닭이다. 사람은 이처럼 다양한 환상(환세계)을 세계 도처에 만들어 왔다. 국가도, 우주도 모두 인간이 만든 개념이다.

인간 이외의 동물은 원래 자연환경에 적응하면서 살아가고 있다. 자연을 변화시키겠다는 생각 따위는 결코 하지 않는다. 그러나 인간은 주어진 자연환경만으로는 만족하지 못한다. 인간은 자신들이 살아가기 편하고 유익한 방향으로 자연을 바꾸어 나간다. 농업의 탄생도, 산업혁명으로 시작된 화석연료의 대량 소비도 자연을 자기 뜻대로 통제하고 변화시키고자 하는 인간의 바람이 빚어낸 일이다. 인간의 사리사욕이 오늘날 문제가 되고 있는 지구온난화의 발단이 되었다. 지구의 환경문제란 인간의 환세계가 만들어 낸 문제인 것이다.

오늘날에는 환세계의 관점을 배제하고는 환경문제에 대한 본질적인 논의가 불가능하다. 윅스퀼의 환세계는 인류의 존속과 지속 가능한 사회를 위해서도 필수 불가결한 관점이라 하겠다.

『생물로부터 본 세계』 중에서

- 우리는 자칫 인간 이외의 주체와 그 환세계의 사물이 맺고 있는 관계가 우리 인간과 인간 세계의 사물이 맺고 있는 관계와 같은 시공간에 존재한다는 환상에 사로잡힌다. 이 환상은 세계란 하나밖에 없고, 그곳에서 여러 생물이 함께 살아가고 있다는 신념에서 비롯된다. 모든 생물에게는 같은 공간, 같은 시간밖에 없을 것이라는 일반적인 생각과 확신은 여기서부터 생겨난다.

- 우리 인간들은 어떤 목적으로부터 다음 목적을 이루기 위해 열심히 노력하며 생활하는 것에 익숙해져 있어서 다른 동물도 같은 식으로 살아가고 있을 거라고 확신한다. 이는 아주 기본적인 착각으로, 이것 때문에 종래의 연구가 재삼 잘못된 방향으로 흘러가 버렸다.

- 이런 이유로 환세계를 관찰할 때 '목적' 등의 환상을 버리는 것이 무엇보다 중요하다. 동물의 생명 현상을 이야기할 때는 '설계'라는 관점으로만 이야기가 가능하기 때문이다.

Column

『솔로몬의 반지』
— 콘라트 로렌츠 지음

『솔로몬의 반지King Solomon's Ring』(1949)는 비교행동학이라는 분야를 창시한 저명한 동물학자 콘라트 로렌츠Konrad Lorenz의 산문집이다. 그는 뛰어난 학문적 업적으로 1973년에 노벨 생리의학상을 수상했다.

이 책에는 표제작을 포함하여 20편의 짧은 산문이 수록되어 있는데, 특히 동물의 불가사의한 생태를 생생하게 묘사하고 있다. 예를 들어 알에서 막 나온 새끼 기러기에게 눈을 맞추고 인사를 하자 그를 자기 엄마라고 착각한 새끼 기러기가 뒤를 졸졸 쫓아왔다고 하는, 동물의 '어미 결정' 행동에 관한 유명한 일화(「아기 기러기 마르티나」)를 비롯해 동물에게 계산법을 가르치는 과정 등이 유머러스하게 서술되어 있다. 동물뿐 아니라 그들을 관찰하는 과학자의 일상을 엿보는 재미도 쏠쏠하다.

최근 들어 과학 기술이 인간을 불행하게 만든다는 의견이 많으나, 이는 사실이 아니라고 나는 생각한다. 로렌츠 또한 과학에 대해 이렇게 말한 바 있다.

"만일 연구의 객관성, 이해, 자연에 연계된 지식 같은 것이 자연에서의 경이로운 기쁨을 해친다고 생각한다면, 그보다 바보 같은 생각은 또 없을 것이다. 오히려 그 반대다."

그는 계속해서 이렇게 말했다.

"자연에 관해 알면 알수록 인간은 자신이 자연 속에 살아 숨 쉬고 있다는 사실에 대하여 더 깊은 감동을 받게 된다. 훌륭한 업적을 남긴 생물학자들은 모두 생물의 아름다움이 주는 끊임없는 기쁨 때문에 그 일을 선택했으며, 그 일을 통해 자라난 이해가 자연에 대한 애정과 탐구심을 더 깊게 한다."

제목인 『솔로몬의 반지』는 고대 이스라엘의 솔로몬 왕이 마법의 반지를 손에 넣어 동물의 대화를 알아들을 수 있게 되었다는 구약성서 이야기에서 따온 것이다. 그러나 로렌츠는 동물을 이해하는 데 반드시 솔로몬의 반지가 필요하지는 않다고 단언한다. 동물의 언어와 행동을 객관적으로 관찰하고 그 구조를 논리적으로 고찰하면 충분히 소통이 가능하다는 것이다. 개나 고양이를 길러 본 사람이라면 금방 수긍할 수 있을 것이다.

Books
함께 읽으면 좋은 책들

고백컨대 얼마 전까지 나는 '윅스퀼'이 사람 이름인 줄도 몰랐다. 독일에서 10년을 살았지만 단 한 번도 들어 보지 못한 이름이다. 그의 이름을 웩스쿨이라고 표기하는 사람이 많은데 이것은 분명히 잘못되었다. 하지만 윅스퀼이 바른 표기라는 보장도 없다. 발음이 윅스퀼과 윅스퀼의 중간쯤 될 것 같다.

일본 사람들은 책 제목을 『생물로부터 본 세계』라고 번역했지만 독일어 원제 Streifzüge durch die Umwelten von Tieren und Menschen을 직역하면 『동물과 인간의 환세계를 두루 섭렵하다』 정도가 된다.

일본에서 '환세계環世界'라고 옮긴 독일어 단어는 Umwelt다. um은 '둘러싼'의 뜻을 가진 접두어이고 welt는 영어의 world에 해당하는 단어이다. 요즘은 보통 '환경'으로 옮기는 이 단어를 굳이 '환세계'로 옮긴 까닭은 우리가 말하는 '환경'과는 개념이 다르기 때문이다. 윅스퀼이 환세계에 대해 말할 때는 오늘날의 '환경 재해', '환경 보호' 같은 개념이 없을 때였다.

윅스퀼이 말하는 환세계는 우리가 보는 객관적인 세계가 아니라 전체에서 극히 일부분을 떼어 낸 것으로 각자를 둘러싼 개별적인 세계이다. 환세계는 객관적이지 않고 매우 주관적이다. 우리 인간이 눈에 담고서 파악하는 세계와 배추흰나비나 호랑나비가 포착

5 생물로부터 본 세계

하는 세계는 서로 다르다. 인간에게는 지각의 틀이 있다. 원래 가시광선밖에 못 보던 인간들이 이제 자외선과 적외선 영역을 시각화할 수 있는 기술을 가졌다. 눈에 보이지 않는 세계를 이미지로 만들 수 있게 된 것이다. 하지만 이것은 다른 생물들이 보고 느끼는 현실과는 다르다.

윅스퀼의 책은 우리나라에 나와 있지 않다. 다만 윅스퀼의 환세계 개념을 바탕으로 동물들의 세계 인식을 설명한 책이 있다. 일본 농학자 히다카 도시다카가 쓴『동물이 보는 세계, 인간이 보는 세계』(2005, 청어람)가 그것이다. 도시다카는 환세계 개념을 빌려서, 나무가 무성하고 꽃이 피는 자연의 한 귀퉁이를 동물과 인간이 바라볼 때 각각이 보는 세계는 서로 완전히 다르다고 설명한다. 그에 따르면, 어느 세계도 진실이 아니다. 똑같은 세계를 동물과 인간은 각자의 환상으로 인식하는 것일 뿐이다.

예를 들어 보자. 우리에게 빨간색으로 보이는 장미는 호랑나비에게 암흑의 꽃으로 보인다. 또 우리는 배추흰나비라는 이름만 들어도 나비 색깔을 알 수 있지만, 교미하며 춤추는 한 쌍의 배추흰나비에게는 서로가 자주색과 청록색으로 보인다. 아이가 그린 엉성한 고양이 그림을 본 고양이가 다가가서 냄새를 맡고 앞발로 만져도 본다. 고양이에게는 그 그림이 진짜 고양이로 보이는 것이다. 뿐만 아니라 아름다운 새의 노랫소리가 진드기에게는 들리지 않는다. 우리가 무심코 사용하는 '객관적', '사실', '과학적'이라는 말은 우리의 환세계에서나 통하는 것이다.

새로운 개념 때문에 주눅 들 필요는 없다. 사실 우리가 윅스퀼보다 더 많은 것을 안다. 동물행동학에 관해서는 1973년 노벨 생리의학상 수상자인 콘라트 로렌츠의 『인간, 개를 만나다』(2006, 사이언스북스)와 『야생 거위와 보낸 일 년』(2004, 한문화)을 추천한다. 한 권만 고르라면 『야생 거위와 보낸 일 년』을 선택하겠다. 로렌츠는 단순히 동물사회학을 소개하는 데서 한발 더 나아가 "모든 생명이 인간을 위해 존재"한다는 종이기주의에서 벗어나 다른 생물들도 우리와 똑같은 감정을 느끼고 가족을 배려하며 사회적인 행동을 하는 존재라고 주장한다. 그리고 인간이 보다 자연친화적이 되기를 촉구한다.

콘라트 로렌츠가 노벨상을 받을 때 두 명의 공동 수상자가 더 있었다. 한 명은 정찰벌이 새로운 꽃밭을 찾았을 때 이것을 동료들에게 전달하기 위해 사용하는 '춤 언어'를 발견한 카를 폰 프리쉬이다. 그의 '춤 언어'를 교과서에서 흔히 보았음에도 그의 이름이 낯선 까닭은 그가 대중을 위한 책을 쓰지 않았기 때문이다. 다른 한 명의 수상자 니콜라스 틴버겐 역시 『동물의 사회행동』(1994, 전파과학사)을 펴내기는 했지만, 전공자가 아니라면 별로 추천하고 싶지 않다. 그는 우리에게 『이기적 유전자』, 『만들어진 신』, 『지상 최대의 쇼』의 저자인 리처드 도킨스의 박사 과정 지도 교수 정도로만 기억되고 있다.

오스트리아에 콘라트 로렌츠가 있다면 우리나라에는 한국교원대학교의 박시룡 교수가 있다. 흡혈박쥐의 사회성을 연구하여 박사 학위를 받은 박시룡은 실제로 한국교원대학교 교정에 있는 호수에서 거위의 엄마가 되어 거위를 키웠으며, 이 과정이 TV에 다큐멘터리로 방영된 적이 있다. 박시룡이 쓰거나 옮긴 동물사회학 책이 몇 권 있는데, 그 가운데 '공생과 기생' 시리즈(다섯수레, 2006)를 추천한다. 모두 6권으로 이루어져 있는데 초등학교 아이들이 재미있게 읽을 만하다. 이 외에도 초등학생을 위한 동물책은 무수히 많다. 그런데 웃기게도 청장년을 위한 책은 별로 없다.

조금 벗어난 이야기이지만, 만약에 함께 사는 반려동물을 이해하는 데 도움이 될 만한 책을 찾는다면 『고양이가 기가 막혀』(2009, 부키)와 『강아지가 기가 막혀』(2009, 부키), 『유쾌한 수의사의 동물병원 24시』(2005, 부키)를 권한다. 주인들은 반려동물들이 자기 마음을 잘 알아준다고 생각한다. 하지만 과연 그들도 그렇게 생각하고 있을까? 이 책들은 동물의 입장에서 이야기를 풀어 보고자 노력한 흔적이 엿보인다. 그들의 환세계를 들여다볼 좋은 기회를 얻게 될 것이다.

6
마음 현상을 물질의 변화로 설명하다
대뇌 양 반구의 작용에 관한 강의
Lectures on the Work of the Cerebral Hemisphere

뇌 연구의 새로운 길을 개척한 파블로프

"파블로프의 개"라는 말은 많은 사람들이 들어 봤을 것이다. 여기서 파블로프란 개의 소화샘 기능을 연구한 러시아의 생리학자 이반 파블로프Ivan Pavlov(1849~1936)를 말한다.

파블로프는 모스크바에서 200킬로미터가량 떨어진 시골 마을 랴잔에서 태어났다. 아버지는 사제였지만 지역 교구가 너무 가난해서 사제 활동만 해서는 생활이 불가능했다. 그래서 부업으로 과수원과 채소밭을 가꾸어 생계를 꾸려 나갔다.

파블로프의 부계 친족 중에는 교회 관계자가 많았고 큰아버지 또한 사제였다. 그러나 그는 장난삼아 송아지를 교회의 종에 묶어 놓았다가 교회에서 쫓겨나고 말았다. 송아지가 날뛰는 바람에 한밤중에 종소리가 거리로 울려 퍼졌기 때문이다. 이 못된 장난은 어린 파블로프의 머릿속에 깊이 남아서 나이가 들어서까지 또렷하게 기억하고 있었다고 한다.

파블로프는 8세부터 교육을 받았으나 공부에는 별 흥미를 보이지 않았던 모양이다. 11세가 되어서야 초등학교에 다니기 시작했는데, 교회가 운영하는 이 학교는 군국주의 풍조에도 아랑곳없이 자유로운 교육 분위기를 유지하고 있어서 파블로프가 풍부한 발상을 할 수 있게 해 주었다.

그 뒤 파블로프는 법률 공부를 하기 위해 상트페테르부르크 대학에 입학한다. 하지만 각종 심리학책과 생리학책 등을 읽으면서 깊은 흥미를 느끼게 되고, 그 영향 때문인지 자연과학부로 전공을 바꾼다. 그

이반 파블로프.

는 이때부터 두각을 나타내기 시작하여 26세가 되던 1875년에 우수한 성적으로 졸업을 한다.

교수가 되고 싶었던 파블로프는 의학부 생리학 교수의 필수 요건인 의학사 자격을 따기 위해 내과외과의학교 3학년에 편입한다. 그 무렵 일반 서민이 대학교수가 된다는 건 하늘의 별따기처럼 어려운 일이었다. 그럼에도 20대 젊은 나이에 장래를 내다보고 그러한 운신을 결정했다는 것은 상당히 놀랄 만한 일이다. 34세가 되던 1883년 파블로프는「심장의 원심성 신경」이라는 학위 논문으로 금메달을 받고, 곧이어 교수직을 얻기 위해 상낭히 중요한 단계인 박사 학위를 취득한다. 이때부터 파블로프는 연구로 밤을 지새우는 나날을 시작한다.

수의학교 생리학 교실에서 연구원 생활을 마치고, 그는 드디어 육군 군의학교의 생리학 교수가 된다. 그러나 연구의 나날이란 그 자체로 가난에 시달리는 나날이기도 했다. 그럼에도 아내 세라피마는 연구에만 몰두하는 파블로프 옆에서 헌신적으로 수발했다. 이에 대해 파블로프는 후일 감사의 말을 남기고 있다.

1897년 파블로프는『소화샘 연구에 대한 강의 Lectures on the Work of Digestive Glands』를 출판하고는 이름 없는 학자에서 주목받는 학자로 껑충 뛰어오른다. 55세 때인 1904년에는 소화생리학에 관한 연구로 노벨 생리의학상을 받는다. 참고로, 생리학 역사에 파블로프의 이름을 남긴 '조건반사의 연구'를 시작한 것은 이 책을 출판하기 수년 전의 일이었다.

25년간의 연구를 거쳐 정리한『대뇌 양 반구의 작용에 관한 강의 Lectures on the Work of the Cerebral Hemisphere』는 그가 78세 되던 해에 출

간되었고, 이후 각국어로 번역되었다. 1935년에 모스크바, 레닌그라드에서 열린 국제생리학회에서 파블로프는 명예회장으로 추대되었고, 그 이듬해 86세를 일기로 영면했다.

파블로프의 개 실험과 『대뇌 양 반구의 작용에 관한 강의』

"개는 음식물을 보면 침을 흘린다. 먹이를 줄 때마다 아무 이유 없이 종을 울린다. 이를 얼마간 반복하면 개는 종소리만 들어도 침을 흘린다."

많은 사람들에게 알려져 있는 이 유명한 실험은 '조건반사' 실험이다. 시계가 정오를 가리키고 있는 것을 보면 갑자기 배가 고파지는 경험을 해 본 적이 있을 것이다. 이 또한 파블로프의 개 실험과 같은 현상이다.

개가 먹이를 보고 침을 분비하는 것은 원래 태어날 때부터 갖고 있는 반응으로 '무조건반사'라고 한다. 이 경우 먹이는 무조건반사를 이끌어 내는 '무조건자극'이라고 부른다. 반면 종소리는 '조건자극'이다. 그리고 먹이를 주지 않았음에도 종소리만 들으면 침이 분비되는 반응을 바로 '조건반사'라고 한다. 이 조건반사가 파블로프의 개 실험의 근간이다. 파블로프의 개 실험은 먹이와는 전혀 관계없는 종소리(자극)만으로도 생리 현상이 일어난다는 것을 밝혀낸 연구로, 당시로서는 그야말로 획기적인 발견이었다.

그리고 여기서 말한 일련의 과정을 일컬어 '학습'이라 한다. 학습이 성립되기 전에는 종소리를 들어도 개는 침을 흘리지 않는다. 그러나 앞의 실험과는 반대로 학습에 의해 조건반사가 생긴 뒤 조건자극(종소리)만 제공하고 무조건자극(먹이)을 공급하지 않는 일을 반복하면, 개는 먹이를 받지 못한다는 사실을 차차 알게 되어 나중에는 조건반사

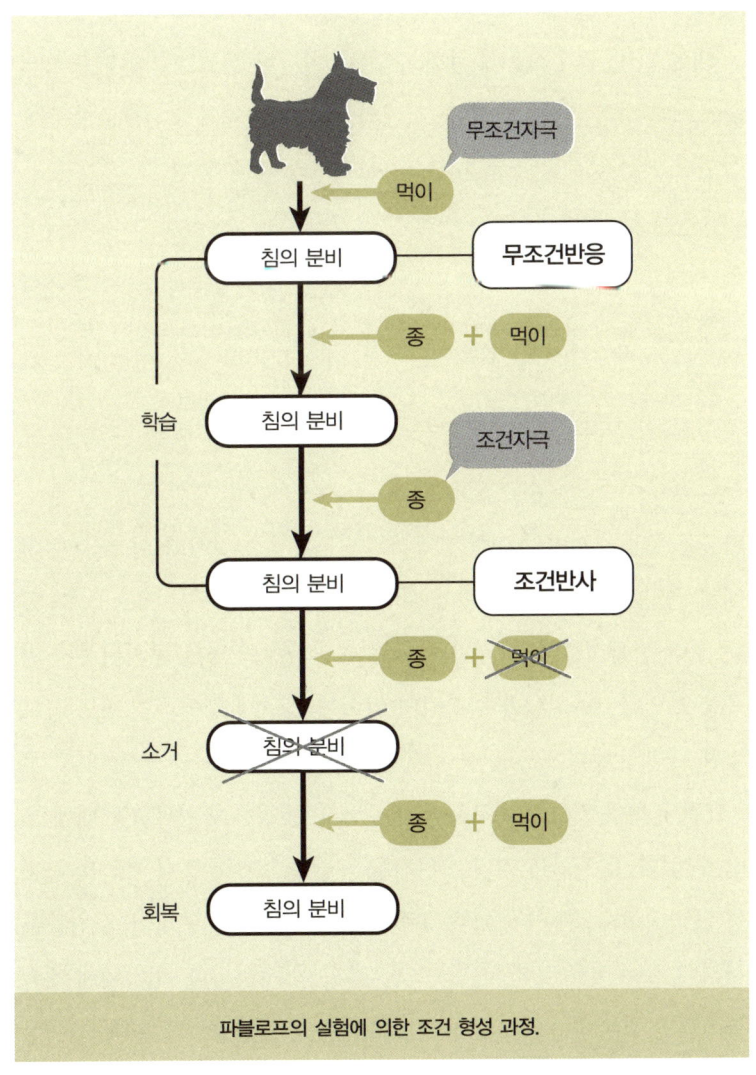

파블로프의 실험에 의한 조건 형성 과정.

가 일어나지 않게 된다. 이런 현상을 일컬어 '소거'라고 한다. 개에게는 참 안된 얘기지만, 여기서 한 번 더 실험을 해 보자. '소거'가 일어난 뒤 잠시 시간을 두었다가 다시 조건자극을 준다. 그러면 다시 한 번 조건반사가 일어나게 된다. 이런 현상은 '회복'이라 일컫는다.

『대뇌 양 반구의 작용에 관한 강의』는 이러한 실험들을 바탕으로 파블로프의 강의 기록을 정리한 것이다. 대뇌생리학의 고전으로 첫손에 꼽힌다. 명실상부한 조건반사학의 교과서라 할 수 있다.

이즈음 뇌 과학 붐이 있긴 했지만, 그럼에도 파블로프가 뇌 연구에서 새로운 길을 개척했다는 것은 누구도 부정할 수 없다. 파블로프는 세계 최초로 생리학을 대뇌 연구에 도입한 선구자이다.

파블로프의 조건반사 이론과 학습행동

파블로프의 조건반사 실험 가운데 약간 무서운 것이 있다. 어린아이에게 하얀 봉제인형을 주면서 비명소리와 같이 공포를 조장할 수 있는 소리를 들려준다. 그러면 아이는 하얀 봉제인형을 무서워하는 반응을 보인다. 이 실험을 반복하면 아이는 하얀색 덩어리만 봐도 공포감을 느끼게 된다. 공포반응이 조건화된 것이다.

그런데 이를 역으로 이용하면, 사람들의 신경증을 치료하는 데에 쓰일 수 있다. 공포가 생겨나는 원천을 약한 강도로 만들어 조금씩 공포를 느끼게 하는 것이다. 이때 쾌적한 상황을 같이 제공하면, 사람들은 서서히 그 무서운 것에 익숙해지게 된다. 이런 과정을 여러 차례 계속 경험하면 결국에는 공포감에서 벗어나는 것도 가능하게 된다. 언어장

애를 치료할 때 대뇌의 언어 영역에 직접 자극을 주는 것보다 장애를 만들어 내는 근원에서 탈피하게 하는 시도를 치료 방법으로 이용하는 것이 그 예이다.

학습의 효율을 높이는 기술도 있다. 조건자극(종소리)을 들려준 직후에 반드시 무조건자극(먹이)을 주면 '강화'가 나타난다. 그리고 조건반사(침의 분비)가 일어난 경우에 틀림없이 무조건자극(먹이)을 주면 '연속강화'라는 현상이 생겨난다. 연속적인 학습에 의해 조건반사가 점점 강화된 것이다.

한편 다른 실험을 통해서는 새로운 발견이 이루어진다. 조건반사가 생겨난 뒤에 개에게 먹이를 주었다, 주지 않았다 한다. 개 입장에서는 조금 못할 일을 당했다고도 볼 수 있다. 이렇게 하면 침을 흘리고 있는데도 막상 먹이는 주어지지 않는 사태가 종종 벌어진다. 그렇지만 전혀 주지 않는 것이 아니라 가끔은 먹이를 주기도 한다. 이 실험을 반복한 결과 침의 분비가 완전히 멎는 소거 상태까지는 이르지 않고, 강화가 부분적으로 일어났다. 이렇게 무조건자극을 주었다, 주지 않았다 했을 때 일어나는 현상을 '부분강화'라고 한다.

연속강화와 부분강화에는 그 이후 소거의 발생에서 차이가 생긴다. 쉽게 생각하면 부분강화에서 소거가 발생하기 쉬울 것 같지만, 실제로는 연속강화에서 소거가 더 잘 일어난다. 부분강화의 경우에는 반드시 먹이가 주어지는 것이 아니므로 강화된 횟수가 적다. 그럼에도 불구하고 부분강화가 일어난 쪽에 조건반사가 더 강하게 남아 있다.

이와 같은 강화나 소거는 인간의 학습행동에도 응용된다. 사회주의 붕괴 전 구소련에서는 이 이론이 스포츠 선수를 육성하는 데 응용되어 단거리 경주에서 출발 신호를 듣자마자 바로 달려 나가게 하는 훈련법이 개발되었다. 실로 유물론적인 세계관의 산물이라 하겠다.

 나아가 조건반사 이론은 미국을 중심으로 발전한 행동주의 심리학에 지대한 영향을 끼쳤다. 실용주의라는 개념도 인간의 의식과 뇌에 관한 형이상학적인 논의에서 벗어나 실질적인 학문으로 발전하기 시작했다. 또 마음의 현상을 물질의 변화로 환원하여 생리학적으로 파악한 파블로프 실험의 방법론으로부터 실험심리학이라는 새로운 분야가 생겨났다.

파블로프의 연구에 관한 작은 에피소드

파블로프는 소화기를 조절하는 신경에 관한 연구로 1904년 노벨 생리의학상을 수상했다. 그 유명한 '조건반사'의 발견으로 노벨상을 수상한 것이 아니다. 이 사실을 아는 사람은 의외로 많지 않다. 뒤에서 이야기할 아인슈타인이 상대성 이론이 아닌 광양자설로 노벨상을 받은 것도 비슷한 예라 하겠다.

 파블로프는 대학 시절에 결코 넉넉하지 않았기에 수업료를 면제받거나 실험실 조수를 하면서 공부를 했다. 그러던 어느 날 연구실 동료가 파블로프의 가난한 생활을 구제해 주고자 임시로 강습회를 열어 주었다. 그런데 파블로프는 그 수입을 아내에게 주지 않고 실험용 동물을 구입하는 데 써 버렸다. 그가 경제적 곤궁에서 벗어나게 된 것은 41세 때 대학교수로 채용되면서부터이다. 급료가 오른 데다 연구 예산도 충분히 받았다. 파블로프의 입장에서는 연구에 더욱 박차를 가

할 수 있게 된 것이다.

　이 무렵 파블로프의 조건반사 이론에 대해 "이미 사람들이 다 알고 있는 사실이다."라는 비난이 종종 따라붙었다. 분명 음식물을 보면 침이 나온다는 것을 아는 사람은 많았다. 또 조건반사 이론에서 취급하는 현상들 가운데 일부는 일상의 경험으로 이미 잘 알려진 사실들이었다. 그러나 실험을 거듭하여 인과관계를 객관적으로 규명하고 그것을 이론으로서 일반화한 것은 오로지 그만의 공적이다. 그때까지 다른 사람들이 한 번도 하지 않았던 일이기 때문이다.

"위대한 과학자는 새로운 발상으로 세상의 시각을 바꾼다"

　파블로프는 침샘을 연구하던 중에 사육사가 가까이 다가오는 발소리를 듣고 개가 침을 흘린다는 사실에 착안하여 조건반사 실험을 시작했다. 그의 실험에는 과학적인 사고가 집약되어 있다. 기계론적인 사고법에 바탕을 두고 동물 실험을 한 최초의 학자가 파블로프라 해도 틀린 말은 아니다. 파블로프는 개의 행동을 예측하거나 억제시키는 과정에서 발견한 연구 결과들을 '재현 가능한 법칙'이라는 형태로 제시하려 했다. 실제로 동물의 구체적인 행동을 관찰하여 추론을 했고, 그 추론에는 객관성과 재현성이 담보되어 있어서 실증성을 중시하는 근대 과학의 요건을 충분히 충족시켰다.

　파블로프의 실험은 개뿐만 아니라 인간의 학습에도 충분히 응용될 수 있어서, 앞서 말했듯 다른 학문으로도 전파되었다. 인간과학의 한 분야를 새롭게 탄생시켰다고도 할 수 있다. 실제로 파블로프의 조건반사 실험 이후 심리학이 과학의 한 분야로서 받아들여졌다. 사고나 의식처럼 눈에 보이지 않고 객관적으로 관찰하기 어려운 현상이 과학의 정식 분야로 다뤄지기 시작한 것이다. 그것은 파블로프가 심리적인 현상을 물리적인 자극과 생리적인 반응이라는 두 요소로 분석하여 누구라도 관찰 가능하게 만들었기 때문이다.

이처럼 눈에 보이지 않는 현상을 검증 가능한 물질적인 과정으로 환원시킨다는 발상 자체가 파블로프가 이루어 낸 최대 공적이다. 이는 데카르트 이래 가장 큰 숙원 중 하나였으며, 실험과 관찰로써 정신을 해석하는 학문 연구의 실마리가 되었다. "위대한 과학자는 전혀 새로운 발상으로 세상의 시각을 바꾸어 놓는다."라는 말에 적합한 예라고 하겠다.

『대뇌 양 반구의 작용에 관한 강의』 중에서

- "여러분, 지난번에 내가 고등동물의 모든 신경 활동을 오직 객관적인 방법을 토대로 하여 연구하게 된 동기와 기초에 대해 말했을 것이다. 그것은 자연과학의 다른 분야에서 행해지고 있는 것과 마찬가지로 순수하게 외부로 드러난 사실에 근거하여 신경 활동을 연구하는 것, 그리고 개의 세계에서 경험하고 있을지도 모르는 것을 나 자신이 유추하여 공상적으로 대조시켜 생각하지 않을 것을 결심한 동기와 기초에 대해서였다."

Column

『검색2.0 – 발견의 진화』
— 피터 모빌 지음

『검색2.0 – 발견의 진화』(2005)는 한국어판의 제목이고, 원서명은 Ambient Findability로 언제나 어디서나 누구나 필요한 정보에 접근할 수 있다는 뜻을 담고 있다. 눈치챘겠지만, 이 책은 인터넷을 좀 더 편리하게 사용할 수 있는 방법을 설명하고 있다. 하지만 인터넷 사용자를 위한 매뉴얼은 절대 아니다.

저자 피터 모빌Peter Morville은 인터넷 시스템을 만드는 정보 설계 분야의 전문가로서, 시스템 구축과 관련하여 웹사이트를 만드는 개발자들이나 기획자들에게 멘토 역할도 하고 있다.

인터넷 세계가 지나치게 팽창한 나머지 네트워크상에 분명히 정보가 존재하고 있는데도 제대로 찾아내지 못하는 일이 종종 발생한다. 제아무리 유용한 정보라도 이용자가 찾아내지 못하면 쓸모가 없다. 찾아내지 못하면 팔리지 않는다. 그러나 그 반대로 찾아내기만 하면 바로 팔리는 경우가 생기기 시작했다. 이제부터 인터넷은 이용자가 필요로 하는 정보를 좀 더 빨리 전달해야 할 필요가 생긴 것이다. 즉 개개인의 요구에 빠르게 부응하는 것이야말로 차세대 인터넷 시스템에서 가장 우선적으로 갖추어야 할 일이라 하겠다. 이 책에는 그에 필요한 개념과 테크닉이 많이 제시되어 있다. 컬러 도판도 수록되어 있어서 마치 소설을 읽는 듯한 기분으로 많은 것을 배울 수 있는 새로운 감각의 책이다. 굳이 웹사이트 구축이나 인터넷 비즈니스에 관련된 일을 하지 않더라도 보통의 인터넷 사용자라면 누구나 아주 재미있게 읽을 수 있는 책이다.

  인터넷의 보급에 따라 집에 앉아서도 원하는 정보를 얼마든지 쉽게 얻을 수 있게 되었다. 그러나 한편으로는 수많은 정보에 사람들이 휘둘리는 폐해도 나타나고 있다. 정보의 홍수에 빠져 버리면 진짜 필요한 것이 무엇인지 제대로 알 수 없는 일도 생기기 때문이다.

  인터넷 이용이 많아질수록 과도한 정보로부터 스스로를 보호해야 할 필요가 있다. 정보가 어떻게 생산되는지 그 과정을 알고 있다면 그에 휘둘릴 염려도 적어질 것이다. 이 책을 읽으며 미래의 정보화 사회에 대처하는 마음 자세를 갖추는 것도 좋지 않을까 생각한다.

Books

함께 읽으면 좋은 책들

어릴 적 맨 처음 들어 본 과학자의 이름이 파블로프다. 초등학교 3학년 때 아이들에게 폭력을 휘두르던 담임교사가 파블로프의 이름을 들먹거렸던 것 같다. 그래서인지 파블로프는 '나쁜 놈'이라는 인상이 강했다. 게다가 공산주의자 아닌가! 그러다 대학에서 생물학을 배운 다음에야 '나쁜 놈'은 따로 있다는 사실을 알았다.

책이며 매체에서 수없이 인용되는 파블로프에 관한 책이 우리나라에는 드물다는 사실이 놀랍다. 파블로프는 한국에서 유명은 하지만 잘 알려지지 않은 과학자인 것이다. 파블로프의 인생과 과학이 가장 잘 정리된 책으로 'OXFORD 위대한 과학자' 시리즈의 한 권인 『생리학의 아버지 파블로프』(2006, 바다출판사)가 있다.

파블로프가 1902년 개를 대상으로 조건반사 실험을 한 과정은 『매드 사이언스 북-엉뚱하고 기발한 과학실험 111』(2008, 뿌리와이파리)에 생생하게 그려져 있다. 이 책은 '단두대에서 잘린 머리에 전기를 흘리면'(1802), '단두대에서 잘린 머리가 얼마나 살아 있을까'(1885) 등의 유사한 실험도 소개한다.

파블로프가 조건반사 실험을 통해 심리적인 현상을 물리적인 자극과 생리적인 반응으로 분석하지 않았더라면 심리학은 과학의 한 분야로 인정받기 어려웠을 것이다. 파블로프 이후 심리학은 비약적인 발전을 거둔다. 그중 대표적인 사람이 미국의 행동주의 심리학자 스키너다. 그는 행동을 실험으로 분석하는 방법을 개발했다. 이때 사용된 조건화 장치가 그 유명한 '스키너의 상자'이다. 『스키너의 심리상자 열기』(2005, 에코의서재)는 스키너를 비롯한 행동주의 심리학자들의 중요한 실험들을 소개하고 있다.

최근에는 뇌에 대한 연구가 활발하고 관련된 책들도 무수히 많다. 현대 뇌과학 전문가 존 메디나가 두뇌의 기본 작동 원리를 밝힌 『브레인 룰스』(2009, 프런티어)와 『휴먼 브레인』(2005, 사이언스북스), 그리고 『라마찬드란 박사의 두뇌 실험실』(2007, 바다출판사) 가운데 한 권을 읽어 보기를 권한다.

어린이를 위한 '뇌' 입문서로는 '과학과 친해지는 책' 시리즈의 『열려라, 뇌!』(2008, 창비)가 쉽고 재미있다. 비전공자가 쓴 책이지만, 뇌과학 전문가인 KAIST의 정재승 교수가 감수하였다.

뇌과학은 차가운 학문이 아니다. 올리버 색스의 『아내를 모자로 착각한 남자』(2006, 이마고)는 시각인식 불능증, 음색인식 불능증, 역행성 기억상실증, 신경매독, 위치감각 상실, 자폐증 등 기이한 신경장애를 겪고 있는 환자들의 삶을 감동적으로 풀어내고 있다.

2009년 우리나라 과학책 가운데 최고의 베스트셀러였던 박문호 박사의 『뇌, 생각의 출현』(2008, 휴머니스트)에 대해서는 판단이 엇갈린다. 저자는 우주와 생명의 탄생에서 시작해 감각과 운동, 기억, 느낌, 의식, 창의성에 이르는 모든 과정을 '대칭성의 파괴'라는 관점에서 24장에 걸쳐서 상세히 밝히고 있다. 역작임이 분명하다. 하지만 마음에 실제 에너지가 있고 물리적인 위치가 있다면 그것은 전기화학적 작용이라고 봐야 한다는 게 과학자들의 일반적인 생각이다. 또 그의 주장과는 달리 이러한 전기화학적 작용이 신체 바깥의 물질들에 영향을 끼칠 수 있는지는 심히 의심스러운 대목이다. 이 책은 종교와 과학의 경계에서 불안한 줄타기를 하고 있는 것으로 보인다.

7
지구의 미래를 생각하는 과학으로
침묵의 봄
Silent Spring

카슨, 펜 한 자루로 세계를 뒤흔들다

어린 시절 글 쓰는 것을 좋아하던 한 소녀가 어른이 되어 펜 한 자루로 세계를 뒤흔들었다.

레이첼 카슨Rachel Carson(1907~1964)은 미국 동해안에 위치한 펜실베이니아 주 스프링데일에서 태어났다. 펜실베이니아 주는 미합중국의 발상지로 남북전쟁 당시에 격렬한 싸움이 일어났던 곳이다. 카슨의 아버지는 농장을 경영했고, 어머니인 마리아는 목사의 딸로서 한때 교사로 일했다. 대자연의 한가운데서 지적인 어머니의 손길 아래 카슨은 감수성이 풍부한 아이로 쑥쑥 성장했다.

펜실베이니아 여자대학을 졸업한 뒤 카슨은 존스 홉킨스 대학의 대학원에서 동물학으로 석사 학위를 취득한다. 이 무렵 그녀는 어렸을 적부터 동경해 온 바다를 만난다. 그리고 바다 생물들에게 강하게 매혹되어 해양생물학자가 되겠다고 결심한다.

대학원을 마친 뒤에는 연방어업국에서 일한다. 종종 바다 이야기를 다루는 방송 프로그램의 대본 작업을 하거나 정부간행물에 싣기 위한 자연보호구역 관련 글을 쓰면서 그녀는 차곡차곡 필력을 쌓는다.

카슨이 작가가 된 계기는 이러하다. 어느 날 그녀가 상사에게 라디오 방송 대본을 보여 주었는데, 상사가 그 글을 과학 잡지에 투고하라고 권유한다. 카슨은 곧바로 원고를 『애틀랜틱 먼슬리Atlantic Monthly』에 보냈고, 그녀의 글은 게재되었다. 이로써 출판계로 진출할 교두보를 얻은 그녀는 줄곧 작가로 활동했으며, 44세가 되던 1951년에 출간한 『우리를 둘러싼 바다The Sea Around Us』가 뜻밖에 베스트셀러의 반열에 오른다.

바다를 사랑하여 바다의 작가가 된 카슨이었지만, 언제부턴가 그녀는 지구를 하나의 시스템으로 바라보게 되었다. 연방어업국 직원이었기에 환경문제에 더 깊은 관심을 갖게 되었을지도 모른다. 그러던 어느 날 『보스턴 헤럴드Boston Herald』에 한 통의 투고가 도착한다. 그것은 모기 구제 작업으로 인해 조수 보호구역이 괴멸의 위기에 처할 정도로 피해를 입고 있다는 내용이었다. 이전부터 문제의식을 갖고 있던 카슨은 이를 기회로 환경문제에 본격적으로 뛰어든다.

인류의 식량을 효율적으로 생산하기 위해서는 농약이나 화학비료가 필요하다. 그러나 농약이 몸에 좋지 않다는 사실은 이때만 해도 잘 알려져 있지 않았다. 그 사실이 상식으로 받아들여지기까지는 굉장히 많은 우여곡절이 있었다. 카슨은 화학약품의 폐해에 대한 방대한 연구 데이터를 수집하고, 55세가 되던 1962년 이를 정리하여 『침묵의 봄Silent Spring』을 냈다. 이 책은 곧 베스트셀러가 되었고 미국 사회에 엄청난 충격을 주었다.

뿐만 아니라 카슨은 정치가를 이용해 화학약품의 폐해를 알리거나, 뒤에 다시 설명하겠지만 법률을 개정하기 위해 여론을 불러일으키기도 했다. 반대 세력으로부터 말살당할 위험과 싸워 나가며, 베스트셀러 작가의 지명도를 이용해 미국 전역으로 순회강연을 다닌 그녀의 용기에는 머리가 절로 숙여진다.

『침묵의 봄』은 오늘날 세계 각국에서 번역되어 생태계, 자연 보호와 관련해서는 절대 빠지지 않고 언급되는 중요한 텍스트가 되었다. 그

『침묵의 봄』.

러나 그녀 자신은 이 책의 집필 도중에 발병한 암으로 많은 사람들의 슬픔을 뒤로하고 56세의 나이로 세상을 떠난다. 그 이듬해에 『자연, 그 경이로움에 대하여Sense of Wonder』가 출간되었는데, 이 책은 자연에 대한 경외를 아낌없이 표현한 걸작으로서 지금까지도 세계적으로 널리 읽히고 있다.

누가 만물이 움트는 봄을 죽였나?

1960년대까지 미국에서는 해충을 숙이기 위해 DDT 등 인체에 해로운 농약을 대량으로 사용하고 있었다. 하늘에서 농경지에 산포한 유기염소 계열 농약은 육상식물은 물론 바다와 하천의 어패류에까지 축적된다. 이들이 다른 생물에게 먹힘으로써 또 한 번 농축되고, 그것을 먹이사슬의 정점에 있는 인간이 최후에 섭취하게 된다. 결국 인체에 쌓인 잔류 농약은 인간의 건강을 좀먹는다.

카슨은 생물학을 연구하면서 이런 위험성을 깨닫고 많은 과학적 실증 데이터를 모아 1962년에 『침묵의 봄』을 펴낸다. 이 제목은 식물이 싹을 틔우는 봄이 농약 등의 화학물질에 의해 죽어 버린다는 의미를 담고 있다. 『침묵의 봄』은 미국에서만 100만 부 이상 팔린 베스트셀러로, 세계 20개국 이상에서 번역되어 금세 찬반양론이 들끓게 만들었다.

자연계에는 엄청난 수의 생물이 서로 경쟁하는 동시에 공존하고 있다. 여기서 인간의 입맛에 맞춰 특정한 생물 종만을 제거해 버리면 절묘하게 유지되던 균형이 한순간에 무너진다. 원래 자연의 세계는 어

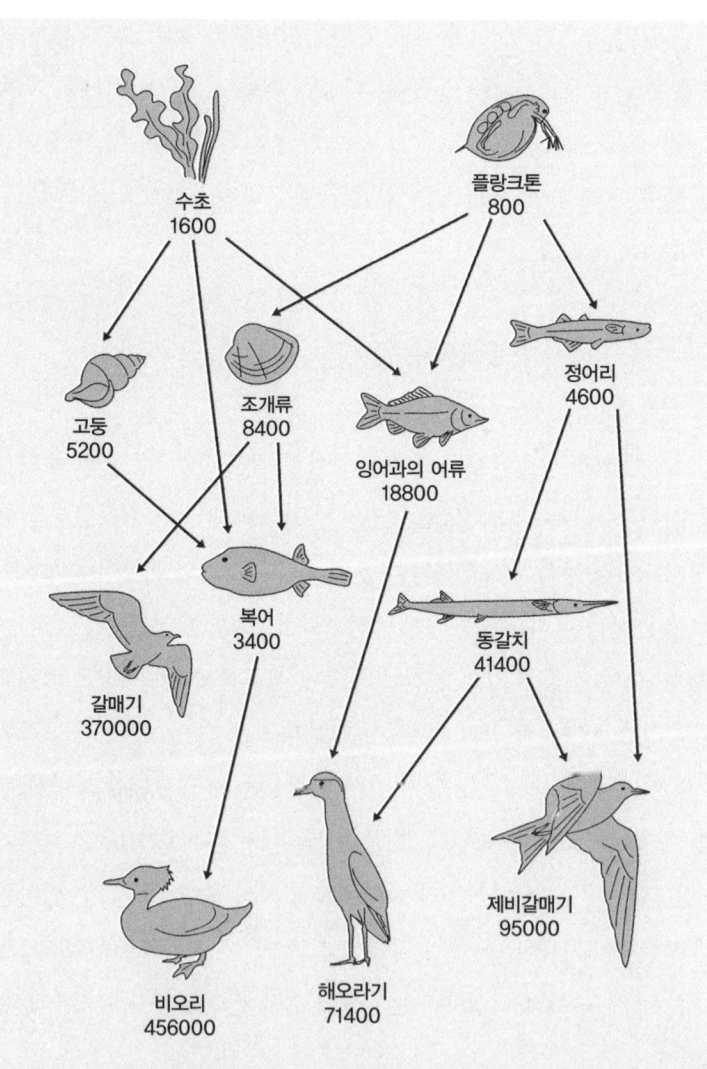

DDT가 체내에 축적되고 이후 먹이사슬에 의해 농축되는 과정. 미국 롱아일랜드의 조사 결과에 기초한 도표로, 숫자는 수중의 DDT를 1로 했을 때 생물의 몸속에 축적된 DDT 농도(단위는 ppm)를 나타낸다.(『한눈에 보는 포토 사이언스 생물 도록』, 수켄출판, 192쪽 참고)

떤 한 개체만이 특별하게 불어나는 일이 없도록 용의주도하게 구조화 되어 있으나, 인간이라는 종만이 이 규칙을 지식이라는 힘으로 깨 버리고 수를 불리고 있다.『침묵의 봄』에 보면 이런 말이 있다.

"자연에는 다종다양한 생물이 존재하고 있고, 그 나름대로 안정을 유지하고 있다. 그중 한 종 내지 여러 종을 없애 버린다는 것은 곧 전체의 균형을 무너뜨리는 결과가 된다."

어느 시대이건 결코 잊어서는 안 되는 경고라 하겠다.

『침묵의 봄』이 우리에게 남긴 것

『침묵의 봄』은 인류에게 지구 환경과 자연 보호를 생각하게 하는 계기를 제공했다. 당시 미국 대통령이었던 J.F. 케네디는 과학자문위원회를 소집하여 이 책이 경고한 내용을 검토했다. 그 결과 1964년 미국 연방위원회에서 살충제 등에 관련된 규제법을 개정했고, 그 후에도 독극물규제법, 수도법, 농약규제법 등을 비롯해 많은 법률이 제정 또는 개정되었다. 미국 환경보호국이 탄생한 것도『침묵의 봄』의 공적이라 할 수 있다.

농약이 갓 발명되었을 때는 어느 누구도 그것이 인류의 생명을 좀먹는다는 생각을 하지 못했다. 근래에 들어와서야 농약이 생태계 전체에 미치는 영향이 구체적으로 해명되었다. 물론『침묵의 봄』이 악한 것으로 취급하는 DDT가 종전 후 발진티푸스나 말라리아를 물리쳐 주었다는 긍정적 면을 갖고 있는 것도 사실이다. 하지만 아무런 제한 없이 농약을 지속적으로 사용했다가는 내성을 가진 생물이 출현하게 되고, 이에 대항하기 위해 더욱 강력한 농약을 개발하지 않으면 안 되게 된다. 그러다 보면 결국 독성만 점점 강해지는 악순환이 생겨날 수밖에 없다. 다람쥐 쳇바퀴 도는 듯한 이런 상황이 생길 위험성은 사실 예나 지금이나 다르지 않다. 이에 대하여 카슨은 농약을 사용하지 않고 천적을 이용해 해충을 죽이는 방법 등을 제시했다.

화학약품이 얼마나 무서운 것인지 최초로 고발한 이 책은 현대인의 세계관과 문명이라는 것의 실상에 큰 의문을 던지고 있다.

『침묵의 봄』에 놀라고, 카슨에게 또 한 번 놀라다

뱀이 허물을 벗는 모습을 몇 시간이고 꼼짝 않고 지켜볼 정도로, 카슨은 어렸을 때부터 생물에게 큰 매력을 느꼈다. 그런 그녀가 25세의 젊은 나이에 학위를 취득하고 미국 연방어업국에서 해양생물 전문가로 근무하다가, 45세가 되자 그때까지 근무했던 안정적인 연구직을 그만두고 평소 좋아하던 글쓰기에 전념한 것이다.

『침묵의 봄』 외에도 카슨은 감수성이 풍부한 자연관찰책을 몇 권 더 썼다. 그녀가 쓴 책들은 쉬운 문체로 과학의 본질을 제대로 설명하고 있다. 복잡하게 뒤얽혀 있는 과학 이야기를 질리지 않고 잘 읽히게 풀어내는 일을 카슨이 해낸 것이다. 그녀의 작품을 읽으면 문장가로서의 역량 또한 충분히 느낄 수 있다. 작가의 능력까지 겸비한 소수의 과학자였다고 하겠다.

지구 전체의 조화를 생각하는 과학으로

『침묵의 봄』이란 한 권의 책이 사회, 경제 활동은 물론 법의 정비까지 움직였다. 이런 일을 해낸 작품은 대단히 드물다. 이 책에는 과학적인 논의 외에도 명확한 '사상'이 담겨 있다. 그리고 그것은 오늘의 과학이 걸어가야 할 새로운 향방을 제시해 주는 것이기도 하다. 즉 하나하나의 요소를 분할하여 특정한 한 가지 요소에만 천착하던 근대 과학의 방법과 시각에서 벗어나 전체의 조화를 지향하는 새로운 시각을 제시한 것이다. 이는 지구과학의 시각, 즉 지구라는 거대한 세계를 하나로 보고 46억 년이라는 지구의 장대한 역사에 대해 생각하는 시각이기도 하다.

카슨은 『침묵의 봄』에서 이렇게 말했다. "지금 이 지상에서 호흡하

레이첼 카슨.

고 있는 생명이 만들어지기까지 수십억 년이라는 긴 시간이 필요했다. 그 시간 동안 발전, 진화, 분화의 긴 계단을 지나 생명은 겨우 환경에 적합한 균형을 이루게 되었다."

　이렇듯 자연계 전체를 넓게, 그리고 세심하게 조망하는 시각을 그녀는 무려 반세기도 더 전에 제시한 것이다. 『침묵의 봄』은 환경문제뿐 아니라 사회의 존재 의의와 향방에 대해 지금까지도 끊임없이 그 지침을 제시해 주는 명저라 하겠다.

『침묵의 봄』 중에서

　- 고작 두세 종의 벌레를 퇴치하려고 주변 일대를 오염시켜서 자기 자신의 파멸을 초래하는 것이 어찌 지성을 지닌 인간의 행동이라 할 수 있겠는가.

　- 위험에 눈을 뜬 사람의 수는 정말 적다. 그리고 지금은 전문화, 분화의 시대이다. 자신의 좁디좁은 전문 분야에만 눈을 두고 있으니 전체가 어떻게 되어 있는지 알 리 없다. 일부러 모른 체하는 사람들도 있다. 또 지금은 산업의 시대이다. 어쨌든 돈을 많이 버는 것이 신성한 불문율처럼 되어 있다.

Column

『과학의 문을 노크하다』
— 오가와 요코 지음

아쿠타가와상을 받은 오가와 요코小川洋子가 현재 가장 잘나가는 과학자 70인을 찾아가 공격적으로 취재하여『과학의 문을 노크하다科学の扉をノックする』(2008)를 썼다. 현대의 첨단 과학을 생생하게 소개하는 이 책을 나는 단숨에 읽었다. 과학을 생업으로 하고 있는 사람도 과학 관련 서적은 그렇게 빨리 재미있게 읽게 되지 않는다. 과학 교육 활동에 종사하는 화산학자로서 내가 이 책에 이토록 강하게 끌린 이유를 분석해 보도록 하겠다. 사실 경쟁 의식도 약간 불태우고 있다.

오가와 요코는 순수하게 과학 자체에 감동하여, 실타래를 풀어 가듯 자신에게도 미지의 영역이었던 내용 하나하나를 찬찬히 해설한다. 간간이 등장하는 컬러 도판이 독자의 이해를 도와 좀 더 읽기 쉽게 만들어 준다. 다양한 수상 경력을 지닌 작가답게 글솜씨가 절묘한데, 5장 '인간미 넘치는 사랑스러운 생물, 점균'에서 그런 면이 특히 잘 드러나 있다.

"인간이 자기들에게 맞지 않는 환경을 조금이라도 더 쾌적하게 만들겠다며 에어컨이나 난로를 발명하여 지구의 자원을 줄곧 낭비해 오고 있는 동안 점균은 스스로의 성질을 변화시켜 환경에 적응해 왔습니다. 인간은 생각조차 하지 못할 대담한 방식이 아닐까 합니다."

여기에는 생태계의 본질이 아주 훌륭하게 설명되어 있다. 지구에 생명체가 등장한 이래 40억 년, 격변하는 지구 환경에서 살아남은 생물들은 언제나 환경에 자신을 맞추는 기술을 터득하며 살아왔다.

또 오가와 요코는 과학자의 생태를 사정없이 파헤치고 있다.

"과학자가 강의를 하거나 학회에서 발표를 하는 것은 '낮의 과학'이라고 합니다. 그런데 과학에는 또 다른 면이 있습니다. 주관적인 상상력을 마음껏 발휘하는 감성의 세계, 바로 '밤의 과학'입니다. 다만 과학자는 자신의 입으로 이런 이야기를 하지 않습니다. 너무 많이 얘기해 버리면 과학자로서의 가치가 떨어진다고 생각하는 걸까요?"

과학적인 발견에는 직관이나 영감 같은 것이 아주 중요하지만, 미신이나 오컬트 따위와 혼동되는 것을 저어하여 과학자들은 그런 얘기를 되도록 하고 싶어 하지 않는다. 그럼에도 이러한 말을 끌어낸 것은 오가와 요코의 천성 덕분이지 싶다. 솔직함을 넘어 대담하기까지 한 그녀의 감성에 갈채를 보내고 싶다.

이 책의 재미에 대한 비밀은 이뿐만이 아니다. 오가와 요코는 70명째 인터뷰이인 프로야구 트레이닝 코치를 통해 스포츠 과학에 대한 이야기를 풀어 나간다. 경기 현장에서의 팽팽한 긴장감이 행간 사이사이에서 묻어난다. 그녀는 이런 말로 글을 끝맺고 있다.

"저는 프로의 연습이 상당히 조용하다는 것에 많이 놀랐습니다.

낭비란 단 한구석도 없었습니다. 그곳에 떠돌고 있는 기운은 뭐랄까, 노能(일본의 전통 가면극-옮긴이)와 같은 고요함이었습니다."

과학의 현장을 취재하며 마치 어린아이와 같이 순진하게 깜짝깜짝 놀라는 자신을 가볍게 보여 주는 동시에 프로페셔널 특유의 빈틈없는 긴장감과 엄격함을 제대로 묘사하고 있다. 거기에 현역 작가의 문장력이 더해져 70명 하나하나의 생생한 모습이 눈앞에 떠오르는 것처럼 그려진다.

"이 책은 오로지 저의 개인적인 호기심을 채우기 위해 썼습니다. …… 모든 분이 흔쾌히 저를 위해 시간을 할애해 주셨습니다. 과학에는 전혀 문외한인 제가 몇 차례나 반복해서 질문을 던져도 하나하나 성실하게 답변해 주셨습니다."라고 그녀는 말하고 있다. 그런데 정작 취재 대상이 되었던 과학자는 과연 어떻게 생각하고 있을까? 아마도 자신의 전문 분야가 소개되는 것을 기뻐하는 마음이 반, 그리고 모르는 사람들에게 자신이 드러나는 것을 두려워하는 마음이 나머지 반일 것이다. 그러므로 작가의 역량에 더더욱 머리 숙여 경의를 표하는 동시에 이런 유례가 드문 인터뷰에 기꺼이 자신을 드러낸 과학자 70인의 용기에도 박수를 보낸다.

작가와 과학자의 만남이 이루어 낸 이 책은 실로 걸작이라 하겠다.

Books
함께 읽으면 좋은 책들

제1차 세계대전 때 유럽에서 1000만 명이 죽었다. 이 가운데 500만 명은 곤충 때문에 죽었다. 발진티푸스를 옮기는 '이'가 바로 그 범인이다.

오늘날에도 한 가지 곤충 때문에 매년 100만 명이 죽는다. 이 가운데 90만 명은 사하라 이남 아프리카에 사는 어린이들이다. 이 어린이 사망자 중 71퍼센트는 5세 이하의 유아들이다. 그러면 그 곤충은? 말라리아모기다. 1944년에는 미국 정부가 "우리의 적은 독일과 말라리아"라는 포스터를 전국에 붙였을 정도이다.

다행히 이와 말라리아모기를 박멸할 간단한 방법이 발견되었다. '디클로로디페닐트리클로로에탄'이라는 화학물질이 바로 그것이다. 흔히 줄여서 DDT라고 부른다. DDT 합성법은 이미 1873년에 알려졌지만, 1943년에야 다른 모기약들보다 100배나 강하다는 사실이 밝혀졌다.

DDT에는 찬사가 쏟아졌다. 해충이 줄어들어 농작물 생산량이 30~50퍼센트 증가했다. DDT가 첨가된 술이 나왔으며, 식품 상표에 DDT를 기꺼이 사용했다. 그리고 DDT를 살충제로 개발한 독일 화학자 파울 뮐러는 1948년 노벨 생리의학상을 수상했다.

이런 상황에서 레이첼 카슨의 『침묵의 봄』과 『우리를 둘러싼 바다』가 출간되어 전 세계를 충격에 빠트린 것이다. 환경전문가 100

명 가운데 59명이 지금까지 나온 환경 관련 책 중에서 가장 큰 영향력을 발휘하고 있는 책으로 『침묵의 봄』을 꼽을 정도이다.

그로부터 한 세대가 지난 후 『침묵의 봄』의 속편이라 할 수 있는 『도둑맞은 미래』(1997, 사이언스북스)가 출간되었다. 테오 콜본 등이 쓴 이 책은 더 많은 화학물질을 다룬다. 저자들은 광범위한 화학물질이 섬세한 호르몬 시스템에 어떤 장애를 일으키는지 생생하고 알기 쉽게 설명하고 있다. 『도둑맞은 미래』가 나오면서 '환경호르몬'이라는 용어가 널리 쓰이기 시작했다. 전문가들이 '환경성 내분비계 교란물질'이라는 어려운 용어로 부르던 것을 TV에 출연한 일본 학자들이 보통 사람들이 이해하기 쉽게 '환경호르몬'이라고 부른 데서 시작된 말이다. 테오 콜본은 2004년 레이첼 카슨 상을 수상했다.

레이첼 카슨에게 반대하는 사람도 많았다. 미국 농무부 장관 에즈란 벤슨은 "레이첼 카슨은 필시 공산주의자일 것"이라고 주장했고, 『타임』지는 "카슨은 살충제보다 더 유독한 존재"라고 비난했다. 실제로 DDT의 피해를 입은 사람들까지도 반발했다. DDT의 사용이 금지되자 개발도상국에서 말라리아가 다시 창궐하고 있어서 "금지 조치가 너무 성급했던 것 아닌가?"라는 말도 나오고 있다. 말라리아의 위협과 살충제의 위협 가운데 어느 것이 더 심각한지 제대로 따져 봐야 한다는 것이다. 환경호르몬이 내분비계를 교란한다는 데 대한 논쟁도 계속되고 있다. 환경운동 진영은 사전 예방 정책을 펼 것을 주장하고, 자본 진영은 과학적 근거를 먼저 밝힐 것을 주장한다.

과학 기술의 산물을 사회가 무작정 받아들이기에 앞서 여러 각도에서 따져 보는 학문을 STS라고 한다. STS는 Sience(과학), Technology(기술), Society(사회)의 첫 글자를 따서 만든 이름이다. 최근에 대학 교양 과정에서 중요하게 다루고 있는 과목이기도 하다. 『침묵의 봄』과 『도둑맞은 미래』가 다루는 내용 역시 STS의 중요한 주제이다.

중학생에서 성인에 이르기까지 누구나 읽을 수 있으면서, 양측의 주장을 잘 정리하고 나아가 각자가 판단할 수 있도록 근거 자료를 풍부하게 제공한 STS 책으로 강양구의 『세 바퀴로 가는 과학자전거』(2006, 뿌리와이파리)를 첫손에 꼽을 수 있다.

한편 『과학, 일시정지』(2009, 양철북)는 초등학교 고학년부터 중학생을 위한 STS 책이다. 현대 과학 기술의 핵심을 이루는 11가지 주제를 우화, 콩트 등 재미있는 이야기 형식을 빌려 풀어내고 있다. 특히 국제기후변화회의 모습을 패러디한 '금수회의록'은 이 책의 백미라고 할 수 있다. 단언컨대 이런 책은 교사가 아니면 절대 못 쓴다.

사실 『침묵의 봄』은 읽기 쉽지 않은 책이다. 초등학교 고학년에서 중학생 정도라면 카슨의 전기인 『레이첼 카슨-지구의 목소리』(2005, 두레)가 적절할 것이다. 자연을 사랑하는 조용한 여성이 생태환경운동의 선구자가 되기까지의 과정을 그리면서 『침묵의 봄』의 내용까지도 잘 전달하고 있다. 또 생활 속에서 실천할 수 있는 구체적인 내용을 담은 『어린이가 지구를 살리는 50가지 방법』(1991, 현암사)이나 부모와 함께 주말 농장을 가꾸는 『어진이의 농장일기』

(2000, 창비)도 훌륭한 책이다. 특히 『어진이의 농장일기』는 성인인 내가 이 책을 보면서 농사를 지었을 만큼 실용적인 내용을 쉽게 잘 담아내고 있다.

인간을 둘러싼 물리를 탐구하는 책

『시데레우스 눈치우스』
Sidereus Nuncius

『프린키피아』
Principia

『상대성 이론』
Theory of Relativity

『성운의 세계』
The Realm of the Nebulae

8
목성의 네 번째 위성으로 지동설을 증거하다
시데레우스 눈치우스
Sidereus Nuncius

갈릴레오, 종교계와 어용학파에게 싸움을 걸다

갈릴레오 갈릴레이 Galileo Galilei(1564~1642)는 이탈리아의 항구도시 피사에서 태어났다. 이 위대한 물리학자이자 천문학자가 태어난 해는 1564년으로, 수많은 재사들이 출현했던 르네상스 시대이다.

갈릴레오의 아버지는 당시에는 이름이 꽤 알려진 음악가로 하급 귀족이었다. 생활은 그다지 풍족하지 못했던 듯하다. 갈릴레오는 어린 시절부터 음악 수업을 받아 능숙하게 작곡과 연주를 했다. 특히 류트라는 현악기를 아주 잘 연주했다. 갈릴레오는 피렌체의 교외에 위치한 발롬브로사 성 마리아 수도원에서 초등교육을 받았다. 그는 책 내용이나 권위 있는 사람들의 말을 그대로 받아들이지 못해 교사에게까지 늘 의심의 눈길을 던지는, 조금도 귀엽지 않은 아이였다고 한다. 사물의 진실을 탐구하는 그의 여정은 이때 이미 시작된 것이다.

17세가 되던 1581년, 갈릴레오는 부친의 바람대로 의학 공부를 하기 위해 피사 대학 의학부에 입학한다. 이즈음 논쟁을 좋아하는 성격 때문에 그에게는 "싸움꾼"이라는 갈릴레오 인생 최초의 별명이 생긴다. 몸으로 치고 박고 싸웠다는 것은 물론 아니고, 어떤 문제에 대해서든 서슴없이 논쟁을 걸고 보는 성격 때문에 붙은 별명이었다.

피사 대학 재학 중이던 19세에 갈릴레오는 저 유명한 '진자의 등시성'을 발견한다. 여기서 등시성이란 진자의 주기가 추의 질량이나 진폭에 관계없이 일정하다는 뜻이다. 그 후 유클리드 기하학과 아르키메데스 역학을 열심히 공부하여 1589년 25세 때는 피사 대학의 강사, 28세에는 파도바 대학의 교수가 된다. 안정적인 나날을 보내며 갈릴레오는 『군사 기술 입문』, 『건축론』, 『기계학』 등을 차례차례 발표한다. 특히 역학 분야에 큰 공헌을 하며 과학자로서 두각을 나타낸다.

46세가 되던 1610년에는 메디치 집안이 통치하는 토스카나 공국에서 전속 수학자 겸 철학자로서 물리학 연구에 전념한다. 같은 해에 갈릴레오는 굴절망원경을 만들어 목성의 위성을 발견한다. 이때의 관찰 결과를 정리하여 발표한 것이 『시데레우스 눈치우스 Sidereus Nuncius』(국내에서는 『별 세계의 보고』라는 제목으로 널리 알려져 있다–옮긴이)이다.

이 이후의 이야기는 무척 유명하기 때문에 잘 알고 있는 분들도 많을 거라 생각한다. 지동설을 지지하는 이 책의 내용이 성서를 엄격하게 신봉하던 교회의 미움을 사서 갈릴레오는 1615년에 처음으로 종교 재판에 회부된다.

물론 갈릴레오는 변함없이 지동설을 지지하고 있었지만, 1600년 이탈리아의 철학자 조르다노 브루노Giordano Bruno(1548~1600)가 같은 이유로 화형을 당했다는 사실 또한 모르는 바 아니었으므로 『시데레우스 눈치우스』를 메디치가에 헌납하여 권력의 비호를 입으려 시도한다. 그러나 천동설만을 인정했던 로마 가톨릭교회의 거대한 압력 앞에서 그 역시도 어쩔 수 없이 죄인이 되어 버린다. 종교계와 결탁한 주류 학파인 아리스토텔레스학파에게 눈엣가시가 되었던 탓이다.

다행히 지동설을 공공연하게 떠들지만 않는다면 용서해 주겠다는 판결이 나와 갈릴레오는 감옥에서 풀려난다. 당시로서는 상당히 관대한 판결이었다. 그러나 그는 그 이후로도 지동설에 대한 믿음을 버리지 않았고, 1632년에 천동설을 믿는 사람과 지동설을 믿는 사람이 이런저런 대화를 나누는 형식으로 지동설을 소개하는 『두 우주 체계에 대한 대화Dialogo sopra i due massimi sistemi del mondo』를 발표한다. 얼마 후 이 책에 담긴 사실성에 로마 가톨릭교회가 격노하여 갈릴레오는 다시금 종교 재판에 회부된다.

지위와 명예를 모두 누리고 있던 69세의 노인 갈릴레오는 1633년에 열린 이 재판에서 굴욕적인 선언문을 쓰고 근신 명령을 받는다. 그리고 이 사건 직후에 "그래도 지구는 돈다."라는 유명한 명언을 남기게 된다.

그 뒤 망원경으로 너무 눈을 혹사시킨 나머지 시력마저 잃고, 세계를 바꿔 놓은 위대한 과학자 갈릴레오는 78세에 세상을 떠난다.

목성의 네 번째 위성을 보고 가슴이 쿵쿵 뛰다

로마 교황청이 지배하던 가톨릭 세계에서 프로테스탄트의 등장은 위험한 사건이었다. 그 시대에는 가톨릭의 관점에 맞지 않는 사상이나 행동은 여지없이 부정당하고 탄압받는 운명에 처했다.

『시데레우스 눈치우스』는 그러한 시대의 한복판이라 할 수 있는 1610년에 출판되었다. 이 책은 기존의 망원경을 30배율로 개량한 갈릴레오 식 망원경을 사용해 거의 매일 관찰한 밤하늘에 관한 실증적 보고서로서, 목성의 주위를 회전하는 위성에 대해 쓰고 있다. 그러나 이에 그치지 않고 코페르니쿠스가 1543년 출간한 『천체의 회전에 관하여 De Revolutionibus Orbium Coelestium』에서 제창한 지동설을 강력하게 지지하는 내용까지 포함하고 있다.

태양에 의해 그림자를 드리우고 있는 달의 표면을 관찰하던 갈릴레오는 그림자가 매끈하지 않다는 사실에 놀란다. 만일 달이 매끈한 구체라면 그 그림자도 역시 매끈한 곡선을 그리고 있어야 할 것이다. 그러나 망원경으로 본 그림자는 울퉁불퉁 일그러진 모양이었다. 달의 표면에는 심한 요철이 있었던 것이다. 갈릴레오는 달에도 지구와 같이 산과 계곡이 있는 것이 아닐까 생각했고, 그렇다면 달과 지구는 동시에 만들어진 것이 아닐까 하는 생각에까지 이르게 된다.

그 뒤 갈릴레오는 항성과 은하를 관찰하다가 이윽고 목성 관찰에 돌입한다. 『시데레우스 눈치우스』에서 절반 이상을 차지하는 것이 목성의 위성에 관한 내용인데, 이 페이지들은 그냥 보고만 있어도 정말 아름답다. 목성의 고리와 그 주위를 회전하고 있는 쌀알만 한 위성이 여

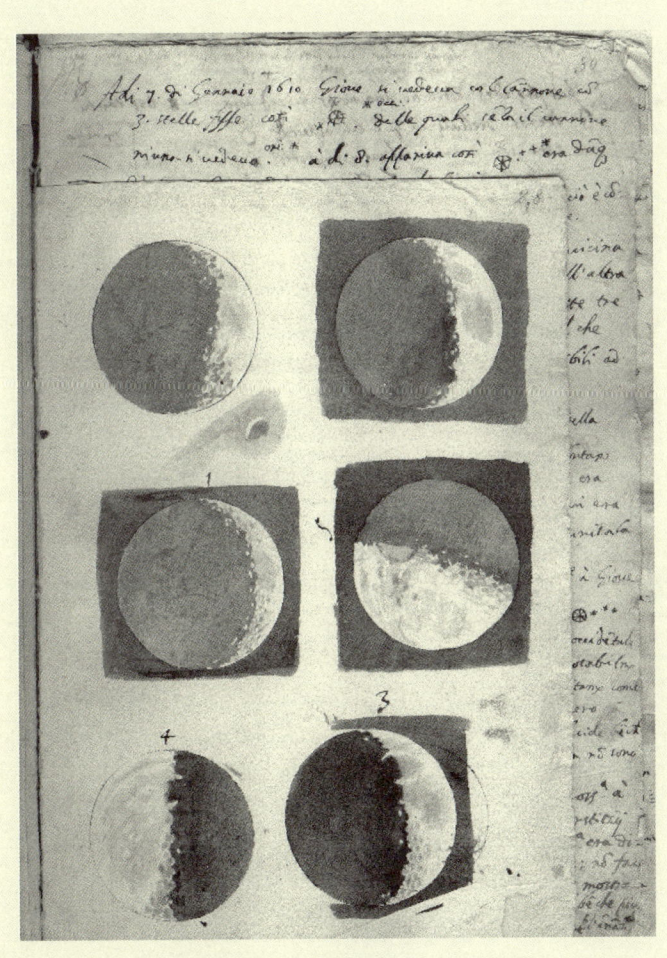

갈릴레오가 망원경으로 보고 그린 달의 표면.
태양의 그림자에 의해 드러난 달 표면의 요철을 충실하게 묘사하고 있다.

8 시데레우스 눈치우스

러 줄로 늘어서 있다. 이것들은 단순히 목성과 그 위성으로서 때로는 좀 멀리, 때로는 가까이 다가오는 위치 관계를 나타내고 있을 뿐이지만, 이 사실을 세계 최초로 발견한 갈릴레오의 마음은 두근두근 뛰었고 눈앞에 빛까지 보일 정도였으리라.

처음 갈릴레오가 발견한 위성은 모두 세 개였다. 그런데 어느 날 우연히 또 다른 위성을 발견했고(현재까지 발견된 목성의 주기 위성은 모두 63개이며, 비주기 위성까지 포함하면 120개에 이른다-감수자), 이 네 번째 위성이 지금까지 도대체 어디 있었던 것일까 고민하기 시작한다. 그는 곧 그 위성이 그때까지 목성의 뒤편에 있었기 때문에 지구에서는 보이지 않았다는 사실을 깨닫는다. 아울러 정설로 받아들여지던 천동설, 즉 모든 별이 지구 주위를 돈다는 학설이 틀렸다는 사실을 알게 된다.

이 발견이 가져온 흥분은 이루 말로 할 수 없는 것이었다. 그 증거로 갈릴레오는 『시데레우스 눈치우스』의 마지막을 이렇게 맺고 있다.

"시간이 없어 이 이상 진행할 수 없다. 이 문제에 대해 진정으로 좀 더 상세하게 알고 싶은 독자는 잠시 기다려 주시길 바란다."

기독교 세계를 발칵 뒤집어 놓을 대발견을 한 갈릴레오는 이 책만으로는 성이 차지 않았던 것이다.

세상이 주목할 수밖에 없었던 『시데레우스 눈치우스』

갈릴레오의 『시데레우스 눈치우스』만큼 출판과 동시에 엄청난 반응을 이끌어 낸 과학책은 없었다. 내용의 혁신성은 말할 필요조차 없거니와, 그를 둘러싼 기독교 세계로부터의 반발 또한 심상치 않았다. 이에 더해 어용학자들도 갈릴레오를 함정에 빠뜨리려 했다. 갈릴레오가 발견한 과학적 사실보다는 당시 철학사상계를 좌지우지하던 아리스토텔레스학파의 입지가 흔들리는 것이 이들에게는 더 중요한 문제였기 때문이다.

갈릴레오는 목성 주위를 도는 네 개의 위성에 '메디치'라는 이름을 붙이고(1610년 갈릴레오가 발견한 목성의 위성들은 오늘날 이오, 유로파, 가니메데, 칼리스토로 불린다. 갈릴레오보다 앞서 이 위성들을 발견한 시몬 마리우스가 붙인 이름들이다-감수자), 『시데레우스 눈치우스』를 토스카나 대공에게 헌납했다. 당시 제4대 토스카나 대공이었던 코시모 2세는 막후에서 엄청난 권력을 행사하고 있었다. 그는 로마 교황의 위세에도 아랑곳하지 않을 정도의 정치권력을 가진 사람이었다. 그런 사람의 이름을 하늘의 별에 붙였다는 소문이 이탈리아 전역으로 빠르게 퍼져 나갔을 거라는 사실은 쉽게 짐작할 수 있는 일이다. 이 또한 큰 반향을 불러일으킨 하나의 원인이 되었다.

이런 시대였음에도 불구하고 천문학자 요하네스 케플러Johannes Kepler(1571~1630, 독일의 천문학자로 행성의 가장 기본적인 운동법칙인 '케플러의 법칙'으로 유명하다-옮긴이)는 『시데레우스 눈치우스』를 정독한 후 크게 감동한다. 그는 『시데레우스 눈치우스』가 출간되고 한 달 만에 「시데레우스 눈치우스론Dissertatio cum Nuncio Sidereo」이라는 논문을 써서 갈릴레오의 새로운 발견을 칭송했다. 앞에서 다루었던 많은 과학책들이 출간 당시에 세간의 관심을 거의 끌지 못했다는 것을 생각하면 실로 엄청나게 빠른 반응이라 할 수 있다.

케플러는 갈릴레오 식 망원경으로 직접 목성의 위성을 관찰했고, 그 이듬해에는 『목성의 위성에 대한 해설Narratio de Jovis Statellitibus』을 출간한다. 새로운 과학 지식과 견해가 인터넷을 통해 순식간에 세계 방방곡곡으로 퍼져 나가는 오늘날의 시점에서 보아도 놀랄 만큼 빠른 전개였다. 그것도 같은 분야를 연구하는 뛰어난 학자에게서 이렇게 빠른 반응이 나오는 경우는 지금도 드물다.

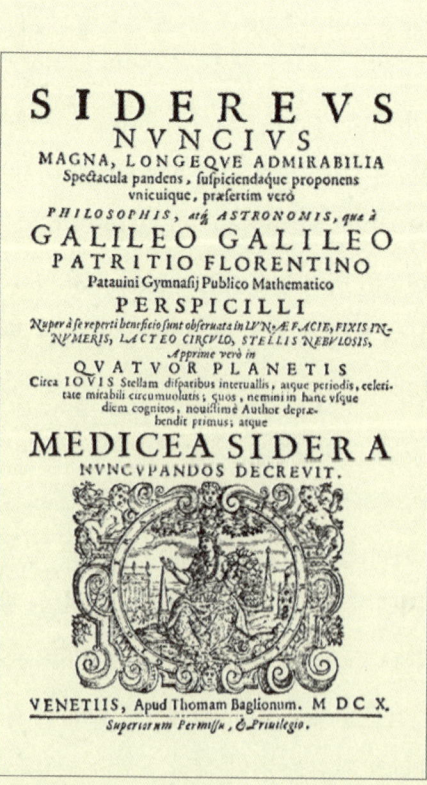

『시데레우스 눈치우스』의 속표지.

세상에서 상찬을 받으며 학자로서 절정을 맞은 갈릴레오는 이후 태양의 표면에 있는 흑점을 정밀하게 관찰하고, 금성이 차고 기우는 것에 대해 연구한다. 이런 대발견의 연속에 대응하여 엉덩이가 무거운 예수회 소속 로마학원 학자들도 하늘을 관찰하여 1611년에는 '권력자 측'의 논지를 담은 『로마학원의 시데레우스 눈치우스』를 출간한다. 갈릴레오를 싫어하는 사람들조차도 치밀한 관찰에 바탕을 둔 그의 발견을 완전히 매장해 버릴 수 없었던 것이다. 코페르니쿠스가 제창하고 갈릴레오와 케플러가 실증한 지동설은 끊임없이 계속되는 혹독한 종교적 박해에도 불구하고, 훗날 종교적 간섭에서 완전히 풀려나 독자적으로 전개된다.

갈릴레오의 발견은 오늘날에도 거의 고스란히 통용되고 있다. 일례로 갈릴레오는 달의 표면에 있는 산맥의 고도를 망원경으로 측정했는데, 이 원리는 현재 사용하고 있는 기법과 거의 동일하다.

갈릴레오는 두 번째로 종교 재판에 회부되었고, 극형은 면하나 유죄 선고를 받는다. 그러나 마침내 1992년 로마 교황청이 과거의 종교 재판에 오류가 있었음을 시인했다. 무려 350년의 세월이 지나 갈릴레오는 종교계로부터 명예를 회복했다.

실험과 실증에 바탕을 둔 실험과학의 선구자, 갈릴레오

갈릴레오가 "과학의 아버지"라 불리는 까닭은 무수한 대발견과 더불어 실험과 실증을 학문 중심에 두었다는 것, 즉 감각적인 경험과 관습에 의존하던 학문에서 실험과 실증에 기초를 둔 학문으로의 변화를 이루어 낸 선구자이기 때문이다.

갈릴레오는 아리스토텔레스라고 하는 권위를 등에 업고 학문의 발전을 방해하던 어용학자들과 싸워 나갔다. 반면 실험에 근거를 두고 사색했던 아르키메데스에게는 크게 공감했다. 납득이 가지 않는 것은 철저히 자신의 손으로 확인하고, 발견한 사실은 어떤 권력자 앞에서도 당당히 공언했다. 이런 갈릴레오의 모습을 보고 "싸움꾼"이라 야유했던 사람들이 전혀 이상한 것만은 아니다.

갈릴레오는 스스로 확인하는 것에 그치지 않고 다른 사람들에게 실험을 공개했다. 예를 들자면 메디치가의 사람들에게 '낙하의 법칙'에 관한 실험을, 그리고 로마 교황에게는 망원경으로 목성을 직접 보여주었다. 자연과학에서는 누가 해도 같은 결과가 나온다는 것, 즉 실험에 의한 재현성의 위대함을 그는 세상의 많은 사람들에게 전파했다.

자신의 눈으로 사실을 확인한 뒤에는 격렬한 탄압을 받아도, 또 누가 뭐라 해도 갈릴레오는 미동도 하지 않았다. 자신이 옳다는 확신이 있었기 때문이다. 지금 식으로 이야기하자면, 자신들이 만들어 낸 가상현실 속에 사는 아리스토텔레스학파에 맞서 실험과학이라는 현실로 승부하여 당당히 승리를 거뒀다고 할 수 있다.

만년에 갈릴레오가 지인들에게 보낸 편지에 이런 글귀가 있다.

"나는 형의 감면을 원하지 않는다. 왜냐하면 나는 어떠한 죄도 짓지 않기 때문이다."

실험과학을 크게 일으킨 갈릴레오는 1642년 78세의 나이로 생을 마감한다. 묘하게도 갈릴레오가 세상을 떠난 해는 다음에 소개할 아이작 뉴턴이 태어난 해이다.

소심하고 그릇이 작은 권력자에게 맞서는 과학자의 방법

『시데레우스 눈치우스』는 당시 학자들의 공용어였던 라틴어가 아니라 일반 시민들도 읽을 수 있는 이탈리아어로 쓰여 있다. 천체 현상이라는 쉽지 않은 주제를 갈릴레오는 되도록 평이하면서도 세밀하게 설명했다. 또 논리가 갑자기 비약되거나 전문 지식을 과시하는 일 없이 담담하고 꼼꼼하게 써 내렸다.

이 책을 읽다 보면 달 표면이나 목성의 모습이 머릿속에 선명하게 떠오른다. 한 번만 읽어 봐도 로마 교황 주위에서 서식하던 어용학자들의 반발이 트집 이상이 아니었음을 쉽게 알 수 있다. 당시 상식으로 통했던 아리스토텔레스와 프톨레마이오스의 천동설을 뒤엎는 데는 그야말로 최강의 교과서였다고 하겠다.

갈릴레오 갈릴레이.

그러나 역으로 이렇게 명료한 내용 탓에 권력을 가진 세력으로부터 공격을 받는 처지도 되었다. 만일 갈릴레오가 복잡한 삼단 논법이나 난해한 수식을 잔뜩 구사하여 책을 썼다면, 이 정도로 심하게 탄압을 받지는 않았을지도 모른다.

소심하고 그릇이 작은 권력자에게는 같은 내용이라도 무조건 난해하게 표현하면 된다. 이는 새로운 현실을 받아들이지 않는 수구 세력으로부터 공격을 받을 것 같을 때 마지막 수단으로 선택할 수 있는 방법이다. 세계의 명저 『시데레우스 눈치우스』는 나에게 이런 교훈도 주었다.

『시데레우스 눈치우스』 중에서

- 달의 표면은 많은 철학자들이 달과 천체에 대해 주장하고 있는 것처럼 매끄럽고 일정한 모양의 완전한 구체가 아니다. 오히려 기복이 심하고 거칠며 도처에 구덩이 또는 볼록 솟은 곳이 있다. 산맥이나 깊은 계곡이 새겨진 것이 지구의 표면과 다름이 없다. ……

초하루에서 4, 5일 지나 달이 낫 모양으로 빛나고 있을 때 보면, 어두운 부분과 밝은 부분을 나누는 경계면이 매끈하고 부드러운 계란형을 그리고 있지 않다. 완전한 구체라면 당연히 그러해야 할 것이다. 그러나 그림에서 보듯 달 표면은 고르지 않고 거칠며 들쭉날쭉해 보인다. 경계 너머 어두운 부분에도 수많은 빛을 내는 돌기가 튀어나와 있고, 밝은 부분에도 거무스름한 반점이 드러나 있다. 햇빛을 받는 거의 모든 부분—어두운 부분과 떨어져 있는 곳—에 잘 알려져 있는 큰 반점 외에도 작은 반점들이 허다하게 흩어져 있다. 게다가 이 작은 반점들은 항상 태양 가까운 쪽이 어둡고, 태양에서 먼 쪽은 빛나는 산등성이로 둘러싸인 것처럼 더 밝은 경계를 이루고 있다는 공통점을 가지고 있다.

이와 같은 광경은 해가 뜰 때 지구에서도 볼 수 있다. 계곡 깊숙한 곳에는 아직 빛이 들어오지 않았지만 계곡을 둘러싼 산등성이는 태양빛을 받아 빛난다. 태양이 떠오름에 따라 계곡에 드리워졌던 그림자가 서서히 사라지는 것과 마찬가지로 밝은 부분이 달에 펼쳐짐에 따라 달의 검은 반점에서도 서서히 어둠이 가신다.

Column

『중력의 디자인, 책에서 사진으로』
— 스즈키 히토시 지음

『중력의 디자인, 책에서 사진으로重力のデザイン, 本から写真へ』(2007)는 일본 북 디자인의 일인자 스즈키 히토시鈴木一誌가 낸 화려한 책이다. 책의 장정, 레이아웃, 종이의 색, 사진 도판에서부터 목차와 후기까지, 손에 넣은 순간 모리츠 에서Maurits Escher(1898~1972, 네덜란드의 화가로 착시 현상을 이용해 환상적인 그림을 많이 그렸다-옮긴이)의 그림에 끌려 들어가는 듯한 불가사의한 느낌에 휩싸인다.

그러면 제목이기도 한 "중력의 디자인"이란 과연 무엇일까? 중력은 지구과학 전공인 나의 분야가 아니던가. 중력이란 물체가 지구로부터 받는 힘으로 무게의 원인이다. 이 중력이 어떻게 책, 사진, 영화의 디자인을 지배한다는 것일까? 그것은 과학 용어로서의 중력과 은유적 표현으로서의 중력을 훌륭하게 구분하는 레토릭(수사학)에서 답을 찾을 수 있다. 그 결과 본래 사물을 안정시키는 중력 작용을 좇아가면서도 반대로 무중력 상태에서는 형용할 수 없는 불안정감에 시달리는 것이다. 당했다!

이 책은 마치 메이지 시대에 나온 오자키 코요尾崎紅葉(1867~1903)의 『금색야차金色夜叉』 초판본처럼 활자가 빈틈없이 꽉꽉 들어차 있다. 책장 가득 활자를 가로로 줄줄 늘어놓은 배치가 기묘하고,

아래쪽에는 어쩐지 으스스하게 느껴지는 여백이 이어진다.

종이라는 딱히 별날 것도 없는 모체 위에 중력을 거스르는 불가사의한 움직임이 이어진다. 어긋난 균형 때문에 생겨나는 쾌감이 이루 말로 할 수 없다. 그리고 그 복잡한 미로를 견뎌 낸 독자에게는 아름다운 디자인의 세계가 기다리고 있다. 특히 사진작가 아라키 노부요시와 모리야마 다이도를 '중력'이라는 개념으로 요리하는 장이 아주 참신하다. 지금까지 그 누가 이런 생각을 했을까? 사실 지구의 중력이라는 것은 모든 지질 현상의 근원이다. 산이 무너지는 것이나 조수 간만의 차가 생기는 것도 모두 중력 때문에 벌어지는 일이다. 중력이 지구의 역동성을 낳은 어머니라는 것을 잘 알고 있었음에도 디자인에까지 그러한 영향을 미치는가 싶어 이 책을 펼쳐 든 나는 내내 유쾌하게 웃었다.

책장을 넘기면 이런 문자가 춤을 춘다. 기류 속의 책, 거울과 달, 질문 연산자, 반중력의 언저리. 삼라만상의 레이아웃에서 자유롭게 노니는 그래픽 디자이너가 만든 이 책은 스릴과 패러독스가 넘치는 과학책이라고도 할 수 있다.

많은 이들이 그 감성을 즐기며 아름다운 도판을 깊이 음미해 보기를 바라 마지않는다. 책을 좋아하는 사람이라면 절대 놓치지 말아야 할 책이다.

Books

함께 읽으면 좋은 책들

갈릴레오는 피사 대학과 파도바 대학에서 수학 교수로 일했지만 경제적인 어려움에서 벗어나지 못했다. 종신직이 아닌 데다가 수학 교수 봉급은 신학 교수의 8분의 1밖에 되지 않았기 때문이다. 그는 수입을 보충하기 위해 개인 교습을 했고 여러 가지 도구를 제작해 팔았으며 집에 하숙생을 두었다.

그러던 중 그에게 기회가 왔다. 1609년 망원경을 만든 네덜란드 사람이 베네치아에 나타난 것이다. 갈릴레오는 그 망원경을 금세 30배율로 개량하여 목성을 관측하고 위성을 발견했다. 이때부터 400년 뒤인 지난 2009년은 '세계 천문학의 해'로 기념되었다.

그리고 1610년에 쓴 『시데레우스 눈치우스』(이 제목은 우리말로 '별의 전령'이란 뜻)에서 목성의 위성 네 개에 '메디치의 별'이라고 이름을 붙였다. 여기에 대한 보답으로 그는 대학의 수학 교수에서 궁정의 철학자로 신분이 상승되었다. 이 책은 『갈릴레오가 들려주는 별 이야기-시데레우스 눈치우스』(2009, 승산)라는 제목으로 번역, 출간되어 있다.

1616년 로마 교황청은 종교 재판을 통해 코페르니쿠스의 『천체의 회전에 관하여』를 금서로 지정하고 코페르니쿠스주의를 '주장'하거나 '변호'하는 것을 금지했다. 그런데 갈릴레오는 '가르치는' 것은 허용한다는 뜻으로 해석하여 1632년 68세의 나이에 『두 우주 체계에 대한 대화』를 펴냈다. 갈릴레오의 대변자 살비아티와 지적인 아마추어 세그레도, 그리고 멍청한 아리스토텔레스주의자 심플리치오라는 세 명의 주인공이 등장하여 나흘 동안 천동설과 지동설을 가지고 논쟁을 벌인다. 세 사람의 대화 내용이 재미있다.

『과학 고전 선집-코페르니쿠스에서 뉴턴까지』(2006, 서울대학교출판부)에는 『두 우주 체계에 대한 대화』의 일부가 아주 훌륭하게 번역되어 있다. 이 책은 코페르니쿠스의 『천체의 회전에 관하여』, 갈릴레오의 『새로운 두 과학』, 하비의 『동물의 심장과 피의 운동에 대한 해부학적 논고』, 뉴턴의 『프린기피아』에서 중요한 부분들을 발췌 수록하고 있다. 대학 입시를 위해 논술고사를 준비하는 이들에게는 필독서이다.

『두 우주 체계에 대한 대화』의 내용 전부가 궁금하다면 오철우의 『갈릴레오의 두 우주 체계에 관한 대화, 태양계의 그림을 새로 그리다』(2009, 사계절)를 보면 된다.

그러나 갈릴레오에 관한 최고의 책은 정창훈이 쓰고 유희석이 그린 『만화 갈릴레이-두 우주 체계에 대한 대화』(2008, 주니어김영사)라고 할 수 있다. 이 책은 '서울대 선정 인문고전 50선'을 만화로 풀어 쓴 시리즈의 한 권인데, 원전의 내용을 자세히 분석하고 설명했을 뿐만 아니라 갈릴레오의 오류를 끄집어내서 과학적으로 설명하고 있다.

그런데 『두 우주 체계에 대한 대화』는 출판과 동시에 판금 조치되었고, 이듬해인 1633년 늙은 갈릴레오는 결국 교회의 권력에 굴복하고 만다. 그는 흰 가운을 입고 촛불을 든 채로 꿇어앉아서 앞으로는 이단적인 주장을 맹세코 하지 않을 것이며, 이를 저주하고 혐오할 뿐 아니라 이단을 매도할 것을 선서하였다.

종교 재판으로 갈릴레오에게는 무기징역이 선고되었다. 그는 시력을 잃은 채 피렌체의 자택에서 사랑하는 딸의 보살핌 속에 고독한 여생을 보내다가 1642년 눈을 감는다. 교황청은 장례식과 묘비를 금지했다.

여기서 잠시 우리에게는 의문이 생긴다. 많이 이들이 전하듯 과연 교회는 악하고 갈릴레오는 선하였을까? 혹시 갈릴레오의 논리의 허점이 재판에 중요한 영향을 끼친 것은 아닐까?『갈릴레오의 진실』(2006, 동아시아)은 종교 재판의 실상과 당시의 정치적 요소를 분석함으로써 '갈릴레오 사건'의 본질을 파헤치며 전설의 거죽을 벗겨낸다.

『갈릴레오의 치명적 오류』(2003, 미디어윌)는 한발 더 나아간다. 종교 재판의 판결은 과학만이 세계를 해석하는 잣대로 의미가 있으며 다른 모든 것은 무가치하다는 갈릴레오의 편협한 사상에 관한 것이었다는 게 이 책의 요점. 새로운 관점을 제시하기는 하지만 이 책의 저자 역시 편협한 시각을 보여 주고 있다.

갈릴레오를 인간적으로 이해하고 싶다면 데이바 소벨의『갈릴레오의 딸』(2001, 생각의나무)을 '꼭' 읽어야 한다. 그는 이 책에서 갈릴레오가 딸과 나눈 124통의 편지를 가지고 시대 속에서 전개된 과학과 신앙의 이야기를 펼쳤다.

갈릴레오가 사망한 지 350년이 되던 1992년 10월 31일 요한 바오로 2세는 갈릴레오를 복권했다. 이로써 신앙과 과학 사이에 벌어졌던 역사적 분쟁 중 하나는 종지부를 찍었고, 지구는 신앙에 어긋나지 않고도 태양 주변을 돌 수 있게 되었다.

　유교적인 전통이 강한 우리나라에서는 갈릴레오 갈릴레이를 간단히 부를 때 '갈릴레이'라는 성을 부른다. 하지만 유럽에서는 거의 '갈릴레오'라는 이름을 부른다. 유럽 사람들이 버릇이 없어서 대과학자를 이름으로 부르는 것이 아니다. 그들도 아이작 뉴턴은 아이작이 아니라 뉴턴이라 부른다. 갈릴레오 갈릴레이를 너무나 사랑한 나머지 존경과 친근함의 표시로 이름을 부르는 것이다.

9
눈앞의 힘이 아닌 자연계에 존재하는 힘
프린키피아
Principia

진리의 바닷가에서 천진하게 기뻐한 뉴턴

영국의 물리학자, 수학자, 천문학자, 그리고 아는 사람은 아는 연금술사 아이작 뉴턴Isaac Newton(1642~1727)이 태어난 잉글랜드 링컨셔 주의 울즈소프는 런던에서 북쪽으로 약 200킬로미터 떨어져 있는 아름답고 조용한 전원 마을이다. 그의 아버지는 뉴턴이 태어나기 3개월 전에 타계했고, 어머니는 어린 뉴턴을 남겨 두고 이웃 마을의 목사와 재혼한다. 뉴턴이 세 살 나던 1645년의 일이다. 이후로는 할머니가 그를 헌신적으로 양육한다.

  뉴턴은 어렸을 때부터 무언가를 만들거나 발명하는 것을 좋아했다. 물시계를 만들어 마을 사람들에게 칭찬을 받은 적도 있다. 초등학교를 졸업한 뒤에는 그랜섬에 있는 킹스 스쿨에 진학한다. 현재 킹스 스쿨에는 뉴턴이 낙서를 하던 벽이 복원되어 있다. 뉴턴은 낯가림이 워낙 심해서 학교 수업이 끝나면 친구들과 놀기보다 혼자 기계를 만들거나 흥미가 가는 것을 조사하며 시간을 보냈다. 이즈음 그의 성적은 딱히 눈에 띄게 좋지는 않았다.

그런데 뉴턴이 학교를 다니던 중에 어머니가 미망인이 되어 돌아왔다. 이후 뉴턴은 2년 정도 학업을 중단하고 농장 일을 돕는다. 그러다 공부를 계속하고 싶다는 열망으로 다시 복학한다. 그의 나이 19세에는 명문 케임브리지 대학의 트리니디 칼리지에 재직하고 있던 숙부의 도움으로 그 대학에 입학한다.

그로부터 4년 후인 1665년, 유럽에서 페스트가 맹위를 떨치고 대학은 잠시 문을 닫게 된다. 뉴턴은 어쩔 수 없이 귀향길에 오른다(페스트가 창궐하여 1665~1666년에 런던에서만 6만 8000여 명이 사망했다. 페스트는 1666년 9월 2일 런던에 큰 화재가 일어나 시가의 5분의 4를 초토화시킨 뒤에야 비로소 끝이 난다-감수자). 그런데 놀랍게도 고향에 돌아가 있던 그 1년 동안 뉴턴은 미적분학, 광학, 만유인력 등 3대 발견의 단초를 얻게 된다. 그의 나이 겨우 23세 때 일이다. 뉴턴의 머릿속에서 창조력이 샘솟던 그 한 해는 훗날 "기적의 해"로 불린다. 그의 대표 저서인 『자연철학의 수학적 원리Philosophiae Naturalis Principia Mathematica』(1687), 『광학Opticks』(1704)도 이 시기에 고안한 설을 발전시킨 것이다. 이 책들에 의해 근대 물리학의 기반이 확립되었고, 자연과학사에 크나큰 전환이 이루어졌다고 말해도 과언은 아니다.

이 무렵 영국은 청교도혁명으로 공화제가 무너지고 왕정이 복고되

있는데 정세가 심히 불안했다. 그런 와중에도 뉴턴은 중요한 일을 하나 벌인다. 바로 과학 커뮤니티를 창설한 것이다. 기체의 상태를 정량적으로 나타내는 보일-샤를의 법칙으로 유명한 로버트 보일Robert Boyle(1627~1691) 등과 함께 뉴턴은 '보이지 않는 대학invisible college'이라는 과학 모임을 만든다. 이 모임은 1662년 찰스 2세가 왕위에 오름과 동시에 런던왕립협회로 계승된다. 세계에서 가장 오래된 과학 아카데미의 탄생이었다.

1669년에는 케임브리지 대학 수학의 거두 아이작 배로Isaac Barrow (1630~1677) 교수의 뒤를 이어 스물일곱이라는 젊은 나이에 제2대 루카스 석좌교수로 취임한다. 40대 후반에는 국회의원 및 조폐국 장관 등을 역임하고, 영국에서 가장 명예로운 지위 중 하나인 왕립협회 회장직을 맡는다. 그러나 이후 그의 관심사는 정신적인 영역으로 향하

아이작 뉴턴.(그림, 고드프리 넬러)

여 신학과 연금술에 몰두한다. 관련해서 여러 권의 저작을 남긴 덕에 그는 "최후의 연금술사"라고까지 불리게 되지만, 그에 대한 세간의 평가는 아직 제대로 이뤄지지 않고 있다.

1727년, 뉴턴은 84세 나이에 세상을 떠났으며 웨스트민스터 사원에 안장되었다.

18세기 전반까지의 자연과학을 집대성한 『프린키피아』

『프린키피아』는 만유인력을 발견한 뉴턴이 1687년에 출판한 책으로, 역학의 일반 법칙에 대한 내용을 담고 있다. 고전 물리학의 기초적인 내용이 이 책에 의해 정식화되었다. 본문은 영어로 쓰여 있으나 표제는 라틴어로 되어 있다. 정식 명칭은 Philosophiae Naturalis Principia Mathematica인데 흔히 Principia(프린키피아)로 줄여 부른다.

『프린키피아』는 서문에 이어 '정의', '공리'를 서술한 뒤에 모두 세 권으로 나누어 역학을 설명하고 있다. 1권 제목은 "물체의 운동에 대하여", 2권 제목은 "저항 있는 매질 속 물체의 운동에 대하여", 3권 제목은 "수학적으로 본 세계의 체계"이다. 초판이 출간되고 26년 후에는 이 책에 쏟아진 동시대 학자들의 비판을 수용하여 수정하고 가필한 개정판을, 그로부터 13년 후에는 제3판을 출간한다. 오늘날 『프린키피아』는 물리학의 위대한 고전으로 자리 잡았으며, 인터넷 등을 통해 본문을 공개하고 있다.

나무에서 사과가 떨어지는 이유를 해명하기 위해 뉴턴이 만유인력 법칙을 발견했다는 이야기는 매우 유명하다. 그러나 사실 만유인력은 그런 시시한 목적에서가 아니라 지구 및 천체의 운동을 해명할 목적으로 창안되었다. 예컨대 달이 추락하지 않고 계속해서 지구의 주위를 돌고 있는 이유를 『프린키피아』는 이렇게 설명하고 있다.

"달이 지구의 주위를 돌 때, 달은 지구에게 이끌려 지구 쪽으로 뚝 떨어지듯 방향을 바꾸어 나간다. 이번에는 미흡하나마 그림을 사용하여 설명해 보도록 하겠다. 아래 그림과 같이 본래 달 자체는 직진을 하고 싶어 하지만, 지구와의 사이에서 작용하는 인력 때문에 지구로부터 떨어져 나가지 못한다. 그러다 보니 직진했다가 지구 쪽으로 뚝 떨어지고 또다시 직진했다가 뚝 떨어진다. 이렇게 끊임없이 궤도 수

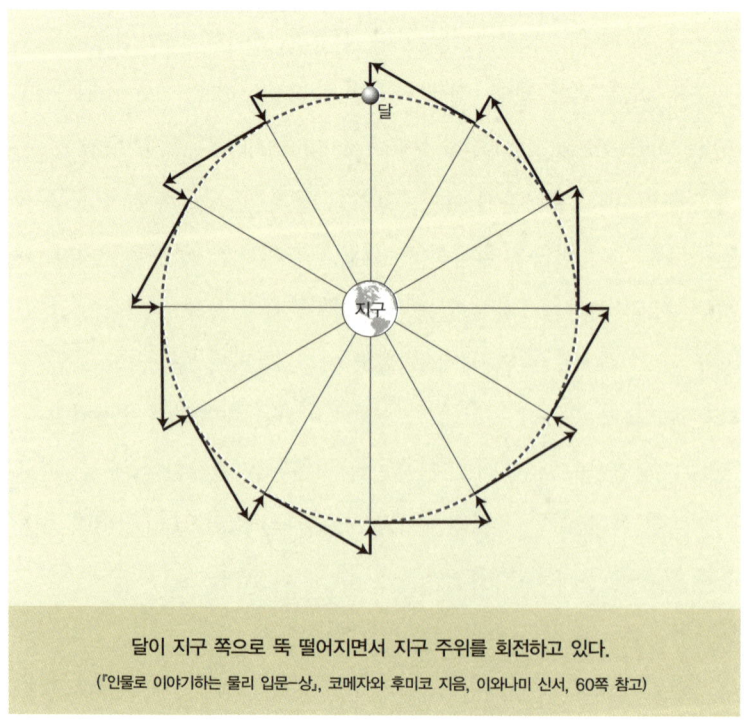

달이 지구 쪽으로 뚝 떨어지면서 지구 주위를 회전하고 있다.
(『인물로 이야기하는 물리 입문-상』, 코메자와 후미코 지음, 이와나미 신서, 60쪽 참고)

정을 반복하면서 궁극적으로는 원형 궤도를 그리고 있는 것이다."

케임브리지 대학에서 공부한 뉴턴은 당시에는 최첨단 과학자라 할 수 있는 갈릴레오, 케플러, 데카르트로부터 큰 영향을 받아 물리학과 수학의 기초를 다져 나갔다. 『프린키피아』는 뉴턴이 그들로부터 배운 것을 집대성한 책으로, 그가 활약했던 18세기 전반까지의 자연과학의 지혜를 모두 집적한 명저이다.

『프린키피아』와 새로운 별의 발견

『프린키피아』는 역학을 체계화함으로써 물리학의 세계에 금자탑을 세웠다.

먼저 천문학사에서 가장 중요한 발견 중 하나인 케플러의 제1법칙, 즉 태양의 주위를 도는 행성은 타원형의 궤도를 그린다는 법칙에 뉴턴이 발견한 연동방정식(힘과 질량과 속도 변화에 대한 관계)을 적용하자 수학적으로 간단히 설명되었다. 사실 자연계를 기술하는 케플러의 법칙을 성립시키기 위해 만유인력 법칙이 고안되었다고도 할 수 있다.

또 『프린키피아』의 이론과 방법론으로 태양계 행성의 움직임을 정확하게 예측할 수 있게 되었다. 이로써 천문학계에 산적해 있던 많은 문제를 해명할 수 있게 되었으며, 그에 따라 새로운 발견들이 이루어졌다. 최초의 획기적인 성과라면, 1682년 돌연 밤하늘에 출현한 핼리혜성의 주기 예측을 들 수 있다. 『프린키피아』가 출간되기 5년 전, 이 환한 별은 돌연 밤하늘에 나타나 유럽인들을 경탄하게 만들었다. 당시 사람들은 이런 혜성이 지구의 옆을 스쳐서 우주 저편으로 사라져 버린다고 생각했다. 하지만 뉴턴의 지인인 에드먼드 핼리Edmond Halley(1656~1742, 영국의 기상학자이자 천문학자로 핼리 혜성의 주기를 예측했다-옮긴이)가 뉴턴의 학설을 이용하여 궤도를 계산해 보고는 76년 주기로 이 혜성이 지구의 상공에 출현한다고 추정했다. 실제로 그때까지 기록을 살펴보면, 1531년과 1607년에 이 혜성이라고 추정되는 밝은 별의 관측 결과가 남아 있었다. 그 자료를 근거로 미래를 예측해 보니 1759년, 1835년에 혜성이 지구에 근접한다는 결과가 나온 것이다. 핼리가 예상한 해에 진짜로 혜성이 나타났고, 후에 이 별에는 핼리 혜성이라는 이름이 붙었다. 『프린키피아』 3권에는 이 혜성에 대한 상세한 기술이 들어 있다.

새로운 태양계 행성을 발견하게 된 것도 『프린키피아』의 공적 중 하나라 할 수 있다. 뉴턴 때까지만 해도 태양계에 수성, 금성, 지구, 화

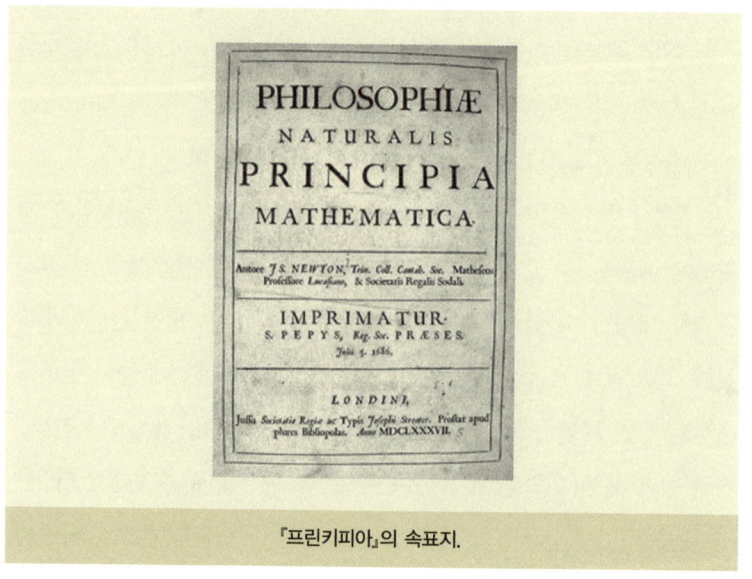

『프린키피아』의 속표지.

성, 목성, 토성 총 6개의 행성이 있다고 알려져 있었다. 그러나『프린키피아』가 출간되고 94년 뒤인 1781년에 영국의 천문학자 윌리엄 허셜William Herschel(1792~1871)이 천문 관측으로 토성 바깥쪽에서 제7행성을 발견하고는 천왕성이라 이름 붙였다. 그런데 이 행성은 참으로 이상한 움직임을 보였다. 요컨대 뉴턴 역학으로는 설명할 수 없는 궤도를 그리고 있던 것이다. 그러자 영국의 천문학자 존 애덤스John Adams(1819~1892)와 프랑스의 위르뱅 르베리에Urbain Le Verrier(1811~1877)가 천왕성 바깥쪽에 또 다른 행성이 있을 거라고 예언한다. 즉 아직 발견되지 않은 미지의 행성이 천왕성을 끌어당기고 있기 때문에 궤도 이탈이 생긴다는 것이었다. 실제로 책상머리에서 계산한 결과를 천체 관측 데이터와 비교해 보니 8등성 정도의 어두운 별이 더 있다는 결론이 도출되었다. 1846년, 제8행성인 해왕성이 발견되는 순간이었다.

갈릴레오를 시작으로 다양한 과학자들이 활약한 근대 과학의 여명기가 끝날 즈음에 출현한 천재 뉴턴은 과학자들뿐 아니라 인류에게 커다란 재산을 남겨 주었다. 그 학문적인 유산은 다음 세대의 과학자들에 의해 전개되어 20세기에 과학의 혁명을 가져온 또 한 사람의 천재 아인슈타인에게 계승되었다.

'뉴턴' 하면 떠오르는 것 세 가지!

뉴턴을 떠올렸을 때 가장 먼저 생각나는 것은 뭐니 뭐니 해도 만유인력의 발견과 관련한 에피소드이다. 나무에서 사과가 떨어지는 것을 보고 만유인력 법칙을 발견했다는 이 이야기는 뉴턴 자신이 한 말에서 유래한다. 84세 때 뉴턴은 런던의 자택에서 지인들과 점심 식사를 한 후 정원에 있는 사과나무 아래서 이런 말을 했다고 한다.

"일찍이 중력에 대해 생각한 것은 사과 한 개가 떨어진 것이 계기였습니다."

그 후 사과와 만유인력 발견의 이야기가 전 세계에 알려진 것이다.

'뉴턴' 하면 떠오르는 『프린키피아』의 출간과 관련해서도 흐뭇한 일화가 하나 전해지는데, 잠깐 소개하자면 다음과 같다. 물리학에 관한 위대한 연구 성과를 공표하는 데 그다지 관심이 없었던 뉴턴에게 핼리는 성과를 정리하여 책으로 낼 것을 열심히 설득했다. 핼리의 충고를 좇아 뉴턴은 『프린키피아』 전3권을 쓰기 시작했고, 1686년 그것을 영국왕립협회에 제출한다. 그러나 자금이 부족하여 출판은 자꾸 연기되었다. 이때 핼리가 부족한 자금을 대 주어서 책이 겨우 세상의 빛을 보게 되었다는 미담이다.

뉴턴이 활약했던 시대는 신이 대자연을 다스리고 있다는 사고방식이 지배하던 때였다. 그러나 한편으로는 과학이 종교로부터 겨우 독립하여 지적이고 자유로운 탐구를 시작한 행복한 시대이기도 했다. 이러한 사상적 배경에 힘입어 뉴턴은 3년 정도의 집필 기간을 거쳐 『프린키피아』를 세상에 내놓는다. 그는 지상에서 천상까지 모든 물체의 운동을 통일적으로 기술하려는 의도로 이 책을 썼다. 만년에 그는 다음과 같은 말을 했다고 한다.

"세상이 나를 어떻게 보고 있는지는 모르지만, 나 자신은 바닷가에서 놀고 있는 아이에 지나지 않는다. 진리라는 커다란 바다는 지금까지 발견되지 않은 채로 눈앞에 끝없이 펼쳐져 있다. 그곳에서 나는 가끔 아름다운 조개껍데기나 자갈을 발견하고 천진하게 기뻐하고 있는 것에 불과하다."

이 말은 내게 '뉴턴' 하면 떠오르는 세 번째 것으로, 뉴턴의 자연관이 잘 담겨져 있다. 우리 자연과학자들에게 있어 이 말은 연구의 현장에서 언제나 음미하는 감동 깊은 구절이다.

'세계 물리의 해' 2005년, 물리학에 가장 많은 공헌을 한 사람을 뽑는 투표가 행해졌다. 이때 뉴턴과 아인슈타인이 시공을 초월한 대결을 펼쳤는데, 뚜껑을 열어 보니 80퍼센트의 과학자들이 뉴턴을, 나머지가 아인슈타인을 지지했다. 또 일반인들은 60퍼센트가 뉴턴에게, 나머지가 아인슈타인에게 표를 던졌다.

『프린키피아』 중에서

- 우리들은 응용 기술(알테스altes)보다도 원리적 문제(필로소피아 philosopiae)에 의의를 두고, 바로 눈앞에 있는 힘이 아니라 자연계에 존재하는 힘에 대해 글을 쓰며 무거움, 가벼움, 탄력, 유체의 저항, 그 외 동종의 힘으로 끌어당기거나 밀어내는 것에 관계하는 것 전부를 다루고 있다. 그런 이유로 이 책의 제목을 『자연철학의 수학적 원리』라 했다.

Column

『밤의 물리학』
— 다케우치 가오루 지음

『밤의 물리학夜の物理学』(2005), 이 기묘한 제목은 꿈의 계시에 의해 과학 이론을 발견했다는 "밤의 과학"이라는 말에서 유래한다.

이성적인 연구만이 과학을 지탱해 온 것은 아니다. 뉴턴부터 호킹까지 유수의 유명한 물리학자들이 천사가 속삭여 준 직관의 은혜를 입었다. 다케우치 가오루竹內薰는 수식 대신 낭만적이고 불가사의한 에피소드를 사용해 물리학을 일반인들도 알기 쉽게 풀어냈다.

이 책에는 물리학에 등장한 각종 이단적인 학설이 실감 나게 소개되어 있다. 교과서에는 정설밖에 실리지 않으나, 사실은 이단적인 학설에 관련된 에피소드 쪽이 훨씬 재미있는 경우가 많다. "과학은 지금껏 앞을 향해 똑바로 진보해 왔다."라는 환상을 갖기 쉽지만, 실상은 결코 그렇지 않다. 그런 사연들을 알게 되면 한없이 높아만 보이던 과학이라는 첨탑이 조금은 낮고 가깝게 느껴지지 않을까 싶다.

이 책의 문장은 상당히 로맨틱하다. 예를 들어 "휴대전화를 갖고 있으면…… 무심코 보거나 듣게 되는 잡음은 지금부터 137억 년 전에 우주가 작열하는 용광로였던 때의 흔적이다."와 같은 문장이 그러하다. 곳곳에 적절히 배치된 절묘한 비유도 즐겁거니와 칼럼 '번외편'도 책에 대한 이해를 돕는 데 상당히 효과적이다. 이 번외편만 읽어도 충분할 정도이다.

다케우치 가오루는 이론물리학으로 박사 학위를 취득한 뒤 과학 전문 작가가 되었다. 그가 쓴 이 책을 읽으면 번거롭고 까다로운 과학 이론이 유머러스하고 세련된 문장으로 구사되어 머릿속에 쏙쏙 들어온다. 중간에 가끔 등장하는 엄청난 수식 정도는 그냥 건너뛰고 읽어도 최첨단 물리학 이론을 다 이해할 수 있을 것만 같은 기분이 든다. 그것만으로도 참 대단하다는 생각이 든다.

과학에 알레르기를 보이는 사람도 읽을 수 있는 책이란 유감스럽게도 결코 많지 않다. 그러나 이런 어려운 주제로 소설도 쓰는 문리 양수겸장 다케우치 가오루의 손을 거치자, 물리학의 세계로 빨려 들어갈 것만 같은 명저가 탄생했다. "앞으로 과학은 어떠한 방향으로 움직일까?" 하는 의문이 들 때 펼쳐 들 만한 가장 좋은 책이라 하겠다.

Books

함께 읽으면 좋은 책들

철학과 과학의 고전에는 명백한 차이가 있다. 철학 고전은 방법과 내용에 있어서 아직도 유효하지만, 과학 고전은 대개 그 내용이 유효하지 않다. 예를 들어 갈릴레오의 『두 우주 체계에 대한 대화』를 보면 넷째 날 토론에서 지구가 자전과 공전을 동시에 하기 때문에 바닷물이 한쪽으로 쏠리며, 더군다나 울퉁불퉁한 바다 밑바닥과 섬과 해협 때문에 물살이 빠르기도 하고 느리기도 해서 조석 현상이 일어난다고 얼토당토않은 설명을 늘어놓는다.

서울대학교 홍성욱 교수가 펴낸 『과학 고전 선집-코페르니쿠스에서 뉴턴까지』(2006, 서울대학교출판부)에서 소개한 책들 가운데 현재까지 그 내용이 가장 유효한 책은 아마 아이작 뉴턴의 『프린키피아』일 것이다. 그 까닭은 이미 자신의 성공 비결을 묻는 질문에 "내가 오늘날과 같은 업적을 남길 수 있었던 가장 큰 이유는 '거인의 어깨 위에 올라서서' 넓은 시야를 가지고 더 멀리 볼 수 있었기 때문입니다."라고 말한 뉴턴의 대답에서 찾을 수 있다.

뉴턴은 1687년에 이미 역학의 일반 법칙을 완성하였다. 우리나라에도 원전과 마찬가지로 『프린키피아』가 전3권으로 번역되어 있다. 하지만 『프린키피아』(2009, 교우사)는 과학사를 본격적으로 공부하는 사람이 아니라면 굳이 읽을 필요는 없다. 왜냐하면 스티븐 호킹이 뉴턴의 말에서 제목을 딴 『거인들의 어깨 위에 서서』(2006,

까치)를 펴냈기 때문이다. 이 책에 등장하는 인물은 코페르니쿠스, 갈릴레오, 케플러, 뉴턴과 아인슈타인. 이들은 모두 물리학과 천문학 분야의 거장들이다. 각 인물마다 그들의 생애와 업적을 15쪽 내외로 정리하고 그들의 대표작을 30쪽 내외로 발췌 번역하였는데 훌륭한 일러스트가 이해를 돕는다. 여기에도 『프린키피아』의 중요한 부분이 옮겨져 있다.

청소년이라면(대학생과 고급 독자라고 하더라도 단 한 권을 골라 읽는다면) 송은영이 쓰고 홍소진이 그린 『만화 뉴턴-프린키피아』(2009, 주니어김영사)를 먼저 읽는 게 이해에 도움이 된다.

뉴턴의 일생과 중학교 수준의 고전역학을 잘 버무린 책으로는 'OXFORD 위대한 과학자' 시리즈의 한 권인 『만유인력과 뉴턴』(2002, 바다출판사)이 있다. 뉴턴의 생애를 다양한 에피소드와 풍부한 읽을거리, 사진과 삽화 자료로 제시하고 있어 흥미롭다. 뉴턴의 주변 인물들과 그 시대 상황이 잘 드러나 있어 역사적인 맥락도 쉽게 가늠할 수 있다. 또 과학적, 수학적 근거 자료와 참고 자료들도 비교적 쉽고 재미있게 접할 수 있다.

본격적으로 뉴턴의 역학을 공부하고 싶다면, 루이스 엡스타인 등이 쓴 『재미있는 물리여행 1-역학, 유체, 열, 진동』(1988, 김영사)을 권한다. 물론 "재미있는"이라는 형용사에 속아서는 안 된다. 이 책의 원제는 Thinking Physics, 우리말로 '생각하는 물리'이다. 저자가 독자에게 문제를 내면 독자는 생각을 해서 문제를 풀어야 한다. 대부분의 문제들은 우리가 중·고등학교 때 배운 물리 수준이면 풀 수 있다. 하지만 거의 매번 우리는 사고의 실수를 드러낸다. 우리가 가지고 있는 오개념을 폭로하는 것. 그것이 바로 이 책의 장점이다.

뉴턴의 역학을 가장 잘 설명한 책은 중·고등학교, 대학교의 물리 교과서이다.

10
시간은 늘었다 줄었다 하고, 시공은 일그러지고
상대성 이론
Theory of Relativity

평범한 기술자, 노벨상 수상자, 그리고 평화운동가 아인슈타인

알베르트 아인슈타인Albert Einstein(1879~1955)은 세계에서 가장 유명한 물리학자 가운데 한 사람이다. 그는 산업혁명의 영향으로 "과학의 발전이 곧 인류의 행복"이라는 것을 그 누구도 의심하지 않았던 19세기 후반인 1879년에 독일 남부의 도시 울름에서 유대인의 아이로 태어났다. 그가 태어나기 8년 전에는 독일이 통일되어 이성을 신봉하는 도이치 제국이 탄생했다.

전기 기술자이자 사업가였던 아인슈타인의 아버지는 그가 태어나고 얼마 되지 않아 가족을 데리고 대도시 뮌헨으로 이사한다. 아인슈타인은 세 살이 되어서도 말을 제대로 하지 못해서 주위 사람들의 애를 태웠다고 한다. 재미있다고 해야 할지 지극히 당연한 것이라 해야 할지 모르겠지만, 초등학교 시절의 아인슈타인은 공부를 지독하게 못해서 언제나 선생님에게 꾸중을 들었다. 그렇다고 해서 운동이나 음악에 소질이 있었던 것도 아니다. 그는 일곱 살 때부터 바이올린을 배웠으나, 아무리 좋게 말해도 잘한다고는 할 수 없는 수준이었다. 그러다 나중에 모차르트의 음악에 심취하여 바이올린 연습에 열을 올리게 된다. '죽음'에 대하여 질문을 받았을 때 "죽음이란 모차르트 음악을 듣지 못하게 되는 것이다."라고 말했다는 유명한 일화가 있을 정도로 그는 모차르트의 음악을 지극히 사랑했다. 죽을 때까지 바이올린을 손에서 놓지 않았고, 듣고자 하는 사람이 있으면 언제나 기꺼이 사람들 앞에서 연주를 했다.

김나지움에 진학한 뒤 아인슈타인은 수학의 심원한 세계에 서서히 빠져들기 시작한다. 또 그즈음 알고 지낸 의학생에게서 마이클 패러데이(Michael Faraday (1791~1867, 영국의 화학자이며 물리학자로 벤젠의 발견과 '패러데이 효과' 등으로 유명하며 전기학에 많은 공헌을 했다–옮긴이)가 쓴 『힘과 물질』을 빌려 읽은 뒤 물리와 우주의 세계에 흥미를 갖게 된다.

그 무렵 그의 가족이 이탈리아의 밀라노로 이주를 한다. 혼자 뮌헨에 남은 아인슈타인은 외로운 나머지 신경증에 걸리고 만다. 그는 김나지움을 중퇴하고 가족에게 돌아간다. 그리고 1년 뒤 스위스 취리히의 연방공과대학에 지원하지만 어학과 역사, 생물 성적이 모자라 안타깝게도 낙방하고 만다. 그러나 수학과 물리에서는 최고점을 받아서 학장이 직접 그에게 재수를 권했고, 다음 해 간신히 합격한다.

이런 과정을 거쳐 입학한 대학이건만, 졸업을 하기까지 학업에서 딱히 눈에 띄는 점은 없었다. 강의가 재미없다는 이유로 결석하는 일이 잦은 데다 담당 교수와도 잘 지내지 못했다. 그 덕에 아인슈타인은 대학에 남아 연구를 계속할 수 있는 길을 잃고, 할 수 없이 취직을 선택하게 된다.

23세에 스위스 베른 특허국에서 기사로 일하게 된 아인슈타인은 겉으로 보기에는 평범한 기술자로서의 생활을 한다. 그런데 2년 후인 1905년, 세 편의 논문을 연속으로 발표한다. 「광양자설Light Quantum Theory」, 「브라운 운동 이론Brownian Motion」, 「특수 상대성 이론Special Theory of Relativity」이 그 세 편의 논문인데, 지금도 물리학 교과서에 반드시 실리는 중요한 가설이자 이론이다. 42세 때는 「광양자설」로 노벨 물리학상을 받는다. 그리고 55세 되던 해, 나치의 박해를 피해 미

1921년 당시의 알베르트 아인슈타인.

국으로 망명한다. 그 후 프린스턴 고등연구소의 연구원이 되어 미국의 물리학계를 선도한다.

60세가 되던 1939년에는 나치 독일이 원자핵을 분열시키는 실험으로 인류 사상 최악의 군사기술이라 할 수 있는 핵무기를 개발할 것을 염려하여 미국 대통령 루스벨트에게 경고 서한을 보낸다. 제2차 세계대전 후에는 핵무기 폐기운동에 적극 관여하여 세계적인 평화운동을 일으킨다.

"빛의 속도만이 불변이고, 다른 것들은 변할 수 있다"

아인슈타인의 논문들은 모두 명쾌하고 이해하기 쉬운 편이다. 『상대성 이론Theory of Relativity』은 그중에서도 가장 단순한 세 번째 논문을 책으로 펴낸 것이다. 이 책의 원제는 『운동하는 물체의 전기역학에 관하여On the Electrodynamics of Moving Bodies』로, 이 제목이 일반인들에게는 좀 더 친밀한 느낌이 들지도 모르겠다. 아인슈타인은 물리학의 기초로부터 시작하되 중·고교 수준의 수학을 사용하여 상대성 이론의 본질을 찬찬히 설명했다.

고전 물리학의 기초를 세운 뉴턴은 시간과 공간은 별개로 독립되어 있으며 변하지 않는 것이라고 생각했다. 이는 우리들이 보통 갖고 있는 감각과 같은 것이다. 이 같은 뉴턴의 역학에는 절대 공간과 절대 시간이라는 개념이 전제로 깔려 있는데, 아인슈타인은 이를 뿌리부터 완벽하게 부정하여 "시간은 늘었다 줄었다 하는 것이며 시공은 일그러져 있는 것"이라고 했다. 게다가 시간과 공간을 합쳐 '시공'이라는 개념을 제창하고, 시공의 결합이 우주를 지배한다고 선언했다.

여기서는 시간과 공간의 관계가 "절대적이지 않고 서로 밀접하다."라는 것이 요점이다. 그러므로 절대의 반대인 '상대'를 사용하여 '상대성 이론'이라고 이름 붙인 것이다. 그중에서도 '같은 시각의 상대성'이라는 개념이 가장 본질적이라 할 수 있다. 예를 들어 A라는 사람이 볼 때 같은 시각에 두 가지 사건이 벌어졌다고 하자. 이를 A와 달리 운동하고 있는 B라는 사람이 볼 때는 두 가지 사건은 동시에 일어난 것이 아니게 된다. 바꿔 말하면 '같은 시각'이라는 개념이 관측하는 사람에 따라 상대적으로 변해 버린다는 것으로, '같은 시각의 상대성'에서 운동하는 물체가 줄어든다는 현상, 이른바 운동하는 시계는 늦다는 현상이 도출된다.

아인슈타인의 이론은 물리학뿐만 아니라 인문학과 철학, 사상에까지 큰 영향을 미쳤다. 특히 운동하는 상태에 따라 시간의 진행 방향이 다르다는 학설은 충격적이기까지 했다. 물리학자의 순수 이론이 항간의 화제로까지 침투한 것은 아인슈타인이 처음이자 마지막이 아닐까 한다.

상대성 이론에는 특수 상대성 이론과 일반 상대성 이론이 있다. 설명을 조금 더 해 보기로 하자.

먼저 아인슈타인은 "물리 법칙은 모든 좌표계에서 동일한 형태로 나타난다."라고 생각했다. '좌표계'란 17세기에 데카르트가 발명한 XY축을 생각하면 된다. 시간과 공간이 절대적인 것이 아니고 상대적이라 했던 방금 전의 '상대성 이론'을 서로 등속운동을 하는 좌표계에 적용시킨 것이 '특수 상대성 이론'이다. 간단하게 말하면, 공을 던졌을 때 똑바로 날아가는 등속운동은 특수 상대성 이론이 적용된 예이다. 이에 비해 가속하면서 운동하는 것, 즉 달 로켓을 타고 상공으로 쑥쑥 올라가는 것과 같은 경우에 성립하는 것이 일반 상대성 이론이다.

그러나 상대성 이론은 물체가 광속에 가까운 속도로 운동할 때나 적용되는 것이다. 빛은 1초에 지구를 일곱 바퀴 반이나 돌 정도로 빠르고, 이 세상에 빛보다 빠른 것은 없다. 우리들은 광속처럼 말도 안 되게 빠른 속도로 이동할 일이 전무하므로, 일상에서 접할 수 있는 현상은 상대성 이론을 적용하지 않고도 뉴턴의 고전 물리학 안에서 대부분 설명이 가능하다.

아인슈타인이 대단한 것은 빛의 속도만이 불변이고 다른 것들은 변할 수도 있다고 생각한 점이다. 다른 물리학자들은 이렇게 대담한 결론을 내리지 못했다. 요컨대 빛의 속도에 가까울 만큼 빠르게 운동하는 물체에서는 시간의 흐름이나 물체의 길이가 변화한다는 것이 상대성 이론이지만, 이걸 모르더라도 우리들이 생활을 하는 데는 전혀 불편함이 없다. 어쨌든 세상에는 광속 외에 절대적인 것은 없고, 모든 것은 상대적이라는 것만 알면 된다.

$E=mc^2$ 과 원자폭탄

상대성 이론에서는 우리들의 감각과는 전혀 다른 불가사의한 것들이 속속 튀어나온다. 그러나 여기서 도출되는 결과를 보면, 일상에서도 익숙하게 쓰이는 것들이 꽤 많다. 예를 들어 원자력 발전의 원리가 그러하다.

물체가 광속에 가까운 속도로 운동을 할 때는 앞서 말한 대로 모든 것이 변화한다. 아주 기묘한 일이 일어나거나 시간이 늘어나거나 물체가 무거워진다. 이렇게 되면 물체의 질량과 에너지가 서로 변환되는 일도 가능하다(이런 원리로 우라늄-235 원자가 중성자 1개를 흡수하면 불안정한 상태가 되어 여러 가지 방식으로 분열하게 된다. 즉 바륨과 크립톤으로 분열되며 2~3개의 중성자를 방출한다. 그런데 분열 전의 우라늄-235 원자와 흡수한 중성자 1개를 합한 질량보다 분열 후에 생긴 바륨과 크립톤, 새로 방출한 중성자 2~3개를 합한 질량이 조금 작다. 이때 감소한 질량이 막대한 에너지로 방출되는 것이다-감수자). 이는 곧 원자력 발전의 탄생으로 이어진다. 또 이때의 에너지를 한꺼번에 방출해 버리면 원자폭탄이 된다는 것은 더 말할 것도 없다.

이 내용은 극히 간단한 수식으로 표현할 수 있다. 이른바 $E=mc^2$이라고 하는 세계에서 가장 유명한 수식이다. 평소 수학과 인연 없이 살아왔다면 대화 중에 이 얘기를 슬쩍 곁들여 보자. 사람들의 시선이 평소와 달라질 것이다. 이 식은 에너지(E)는 질량(m)에 빛의 속도(c)의 제곱을 곱한 것과 같다는 뜻이다.

아인슈타인은 이런 어마어마한 가능성을 품고 있는 상대성 이론을 발견했음에도 그 자신은 처음에 대수롭지 않게 여겼다고 한다. 다른 사람에게서 원자폭탄을 만들 수 있는 이론이라는 말을 전해 듣고 깜짝 놀랐다는 얘기가 전해질 정도이다.

태양은 50억 년 동안 계속해서 엄청난 열과 빛을 방출하고 있는데도 왜 소진되지 않는 것일까 하는 의문에도 아인슈타인은 훌륭한 답을 던져 주었다.

멀리 있는 별의 빛이 태양의 중력 때문에 굽어지는 모습. 태양의 뒤편에 있어서 원래는 보이지 않아야 할 별을 볼 수 있는 이유는 상대성 이론으로 설명된다.
(『인물로 이야기하는 물리 입문-하』, 코메자와 후미코 지음, 이와나미 신서, 20쪽 참고)

"만일 태양이 화석연료와 같이 무언가를 태워서 빛을 내고 있는 거라면 벌써 옛날에 어두워졌을 것이다. 그러나 태양의 내부에서는 핵융합이 연속적으로 일어나고 있고, 그때 태양이 잃은 질량이 막대한 에너지로 바뀌어 우주로 방사되고 있다. 아주 작은 질량을 잃는 대신에 만들어지는 에너지가 얼마나 큰 것인가에 대해서는 원자력 발전의 핵분열과 마찬가지로 $E=mc^2$의 원리로 설명이 가능하다."

이렇게 설명해도 아직 이해가 잘 안 되는 분이 있을 것이다. 그러나 우주 관측 기술이 발전함에 따라 상대성 이론을 가지고 예측한 것들이 서서히 사실로 밝혀지고 있다는 것만은 알아 두었으면 한다. 그중 하나가 멀리 있는 별에서 지구로 오는 빛이 태양의 옆을 지나갈 때 굽어지는 현상이다. 태양의 강력한 중력이 시공에 왜곡을 일으켜서 원래는 똑바로 나아가야 할 빛의 진행 경로가 굽어 버린 것이다. 기술이 발전함에 따라 매우 정밀한 관측 결과가 나옴으로써 상대성 이론은 막연한 이론이 아닌 사실로 실증되고 있다.

'광양자설'로 노벨 물리학상을 받다

자, 이제 시계를 다시 원래대로 돌려 보자. 아인슈타인이 상대성 이론을 발표했던 1905년은 뉴턴의 경우와 마찬가지로 "기적의 해"라 불린다. 그것은 후에 아인슈타인에게 노벨 물리학상 수상의 영광을 안겨 준 이론의 기초가 된 「광양자설」, 「브라운 운동 이론」, 「특수 상대성 이론」을 동시에 공표한 해이기 때문이다. 사실 이 세 편의 논문 하나하나가 모두 노벨상의 가치를 지녔다 해도 과언은 아니다.

먼저 광양자설에 대해 알아보자. 당시 물리학계에는 물질에 빛을 쏘이면 그 표면에서 전자가 튀어나온다는 사실이 이미 알려져 있었다. '광전효과'라 불리는 현상이 그것이다. 그런데 이때 나온 전자의 수는 어떻게 설명할 수 있을까? 이 문제를 가지고 과학자들은 굉장히 고심하고 있었다. 전자의 수는 쏘인 빛(전자파)의 강약에 따라 변하고, 전자 에너지는 그 진동수에 관계한다. 아인슈타인은 빛 등의 전자파는 불연속한 입자의 흐름으로 되어 있다는 생각 아래, "빛은 파동과 입자의 성질을 모두 지니는 것"이라며 상식을 뛰어넘는 이론을 도출하여 이를 훌륭하게 설명해 냈다.

광양자설은 앞서 설명한 상대성 이론보다도 좀 더 이해하기 쉬웠던 모양이다. 아인슈타인은 이 공적으로 노벨 물리학상을 수상했다. 그리고 여기서 '양자'라는 개념이 탄생하여 물질과학계를 격변하게 만들었다. 광양자설은 현재 초등학생들도 사용하고 있는 휴대전화 기술에까지 응용되고 있을 정도이다.

아인슈타인이 이룬 또 하나의 업적인 브라운 운동 이론에 대해서는 어떨까. 그보다 앞서 생물학자인 로버트 브라운 Robert Brown(1773~1858)이 물 위에 뜬 꽃가루가 흔들리는 모습을 보고 브라운 운동을 발견했는데, 아인슈타인은 기체나 액체 속에서 분자가 충돌하고 있기 때문에 그러한 현상이 일어난다고 생각했다. 그때만 해도 분자와 원자의 존재를 믿지 않는 학자가 많았으므로 그의 주장은 커다란 논쟁을 불러일으켰다. 그러나 지금은 이 또한 교과서에 실려 있을 만큼 정설로 받아들여지고 있다.

특수 상대성 이론을 포함하여 이 3대 논문이 발표된 기적의 해로부터 만 100년이 지난 2005년은 '세계 물리의 해'로 지정되어 세계 곳곳에서 다양한 행사가 펼쳐졌다.

어쩔 수 없는 선택, '원자폭탄'

원자폭탄을 만드는 데 아인슈타인이 힘을 실어 주었다는 이야기는 아주 유명하다.

상대성 이론에 따라 엄청난 에너지가 지상의 실험실에서 만들어지고 있었다. 때는 1938년, 세계를 위협하던 히틀러가 지휘하는 나치 독일의 연구실에서 이 일이 진행되고 있었다. 최초로 이 무서운 사실을 알린 것은 이탈리아와 독일의 파시즘을 피해 미국으로 망명한 과학자들이었다. 파시스트들이 원자폭탄을 사용하면 세상이 어찌 될지 가장 잘 알고 있었던 그들은, 미국이 먼저 원자폭탄을 만드는 것 외에 독재자를 이길 다른 방법은 없다고 생각했다.

그렇지만 당시 미군의 상층부에는 원자폭탄의 위험성을 이해할 수 있는 사람이 아무도 없었다. 그런 이유로 최고의 지위와 명성을 가진 과학자가 원자폭탄을 개발하자고 권력자를 설득해야 한다는 제안이 나올 수밖에 없었다. 당연히 화살은 아인슈타인에게로 향했고, 그는 정말이지 엄청난 고뇌에 휩싸인다. 아인슈타인은 젊은 시절부터 전쟁을 혐오했고, 프라하 대학에서 교편을 잡고 있을 때에는 폭동을 피해 스위스 공과대학으로 옮긴 적도 있었다. 더욱이 그는 독일 전선을 피해 미국으로 망명 온 사람이 아니었던가.

평화주의자 아인슈타인에게 있어 원자폭탄 연구 추진을 돕는 것은 참으로 씁쓸한 선택이었다. 아인슈타인은 루스벨트 대통령 앞에서 그의 친서에 서명했고, 곧이어 천재 물리학자 로버트 오펜하이머Robert Oppenheimer(1904~1967)가 주도하는 맨해튼 계획이 시작되었다.

그러나 전쟁이 끝나고 얼마 지나지 않아 전쟁 당시 독일에는 원자폭탄을 만들 힘이 없었던 것으로 판명되었다. 이를 알게 된 아인슈타인은 격노하여 남은 인생을 핵무기 폐기와 세계평화를 위해 바치기로 결심한다. 1947년에는 세계 모든 국가에 이 문제를 알리는 것을 목표로 'UN총회 공개 문서'를 보냈으며, 각국을 다니면서 평화를 주제로 강연을 하고 이에 따르는 활동을 했다. 1955년에는 철학자 버트런드 러셀Bertrand Russell(1872~1970)이 핵 폐기 주장을 세상에 알리는 공동성명을 내자고 아인슈타인에게 권유했다. 아인슈타인은 곧 그것을 수락하는 내용의 편지를 썼다. 그러나 그 편지가 러셀에게 도착했을 때 아인슈타인은 76세의 파란만장한 생애를 마감한다.

같은 해 7월 9일에 발표된 '러셀-아인슈타인 성명'에는 각국의 저명한 과학자들이 서명을 하여 미국을 비롯해 러시아, 영국, 프랑스, 중국, 캐나다의 국가 원수들에게 보내졌다. 이 성명은 세계적인 반향을 불러일으켜 그 후에 일어난 핵무기 폐기운동의 훌륭한 디딤돌이 되었다.

아인슈타인은 정말 천재였을까?

아인슈타인은 학교 성적이 좋지 못한 열등생이었다(아인슈타인이 열등생이었다는 오해는 아인슈타인의 전기를 쓴 작가에게서 시작되었다. 독일에서 최고 점수는 1

점이지만 아인슈타인이 잠시 학교를 다녔던 스위스에서는 반대로 6점이 최고 점수였는데, 작가가 그 사실을 몰랐던 것이다. 아인슈타인이 열등생이었다는 오해는 보잘것없는 성적표를 받아 오는 자녀를 둔 부모들에게 자기 자식도 아인슈타인처럼 될 수 있다는 희망을 품게 해 주었다. 희망을 주는 소문은 쉽게 수그러들지 않는다-감수자). 분명 그가 취리히 대학 입시에서 한 번 떨어졌던 것은 역사와 생물, 어학 점수가 모자랐기 때문이다. 그러나 다른 한편으로 물리와 수학은 최고 점수를 받았다. 게다가 열두 살에 이미 유클리드 기하학을 독파하고 열여섯 살 때 미분, 적분을 마스터했다는 이야기마저 전해진다.

내 주변의 과학 교수들 중에는 이런 사람이 많이 있다. 자화자찬이지만, 나도 현재의 센터 시험(일본의 대학 입시 시험-옮긴이)에서 사회 등의 암기 과목 점수가 상대적으로 형편없어서 물리와 화학 점수로 극복해야만 했다. 슬픈 얘기지만, 아인슈타인과 나의 결정적 차이는 나의 경우 시험을 통과하기 위해 소중한 두뇌를 사회 과목이며 고문 암기에 낭비해 버렸다는 것이다. 아인슈타인은 자기에게 맞지 않는 과목은 과감하게 포기했다. 그것이 열등생 아인슈타인 이야기의 숨은 진실이다.

농담처럼 들릴지 모르겠지만, 이것은 과학자에게 아주 중요하다. 창조성이 높은 일을 할 때 중요한 것은 머리를 지치게 하지 않는 것이다. 특히 고도로 논리적인 내용을 고찰하거나 개념 또는 학설을 구축할 때는 시시한 것에 머리를 써서 피로하게 해서는 안 된다. 다시 말해 자신의 두뇌 사용법에 관하여 아인슈타인은 천재적인 전략을 갖고 있었던 것이다.

종종 "천재는 99퍼센트의 노력과 1퍼센트의 재능으로 이루어진다."라고 말하나, 이 재능이라는 것이 또 만만치가 않다. 재능이라는 것은 선천적으로 머리를 피로하지 않게 하는 시스템을 탑재하고 있는 것이 아닐까, 나는 생각한다. 아인슈타인의 경우 가까스로 입학한 대학에서 그가 공부하는 모습을 보면 이러한 천재적 재능을 금방 알아볼 수 있다. 당시 취리히 대학에는 나중에 아인슈타인의 상대성 이론을 수식화하는 데 한몫을 한 헤르만 민코프스키Hermann Minkowski(1864~1909)가 교단에 있었다. 그는 아주 뛰어난 수학자였다. 그러나 아인슈타인은 그의 강의에 출석하지 않는다. 그 이유가 보통 사람으로서는 도저히 이해할 수 없는 것이다. 그 당시에도 수학은 전문 분야로 독립되어 있었다. 아인슈타인은 이렇게 말했다.

"그 하나하나에 인간의 짧은 일생을 송두리째 바쳐야 한다는 것을 알게 된 나는 어느 쪽의 건초를 먹어야 할지 결정할 수 없는 뷔리당의 당나귀와 같은 처지에 놓이고 말았다." (『알베르트 아인슈타인』, 1956)

'뷔리당의 당나귀'란 동일한 양의 건초 더미를 양편에 두고 그 한가운데에 서서 어느 쪽 건초를 먹어야 할지 갈등하다 결국 굶어 죽은 당나귀를 가리키는 말로, 14세기의 철학자 장 뷔리당Jean Buridan(1300~1358)이 한 이야기에서 비롯되었다.

논리적인 사고를 워낙 좋아했던 아인슈타인이 수학의 구조에 매료되었을 것에는 의심의 여지가 없다. 그러나 자신의 두뇌를 수학을 이해하는 데 소모해 버리면 그가 보다 창조성 높은 학문이라 생각하는 물리학을 공부할 때는 머리가 돌아가지 않게 되리라는 걸 직감적으로 안 것이다. 그는 깊은 고민 끝에 수학을 피해 버렸다.

후에 민코프스키 교수는 이렇게 말했다.

"학생 시절의 아인슈타인은 게으름뱅이였습니다. 그는 한 번도 수

학에 신경을 쓴 적이 없습니다."(앞의 책)

이런 문제는 수학에 그치지 않았다. 물리 이외의 거의 모든 과목에 대하여 아인슈타인은 같은 작전을 폈다. 그리고 의식적으로 자신의 소중한 시간을 물리학에만 썼다.

아인슈타인이 창조성을 중요시했다는 일화가 하나 더 있다.

"시험을 보기 위해서 이 잡동사니 과목들을 좋든 싫든 머릿속에 쑤셔 넣어야 하는 문제가 있다는 것은 말할 필요조차 없다. 내게는 이런 강제적인 것들이 꽤나 힘들어서 최종 시험을 건너뛴 지 거의 1년여의 시간 동안 과학에 관련된 문제를 생각하는 것이 다 고통스러울 정도였다."(앞의 책)

이렇듯 자신에게 쓸모없는 일을 회피하고자 아인슈타인은 새로운 전술을 생각해 냈다. 그는 친구 마르셀 그로스만Marcel Grossmann(1878~1936, 헝가리에서 출생한 유대인 수학자로 후에 취리히 공과대학의 교수가 된다-옮긴이)에게 수업 내용 필기를 충실히 해 달라고 부탁한 뒤 그것을 가지고 시험을 간신히 통과했다. 그렇게 해서 얻은 시간으로 아인슈타인은 제임스 맥스웰James Maxwell(1831~1879, 스코틀랜드의 물리학자로 전자기학에서 큰 업적을 쌓았다-옮긴이), 루드비히 볼츠만Ludwig Boltzmann(1844~1906, 오스트리아의 물리학자로 엔트로피 법칙을 확립하는 데 공헌했다-옮긴이), 헤르만 헬름홀츠Hermann Helmholtz(1821~1894, 독일의 생리학자 겸 물리학자로 열역학 이론 중 열화학 부문에서 업적을 남겼다-옮긴이) 등 우수한 물리학자들의 논문을 숙독했다.

아인슈타인의 이러한 태도는 으레 교수들로부터 좋지 않은 평가를 받았다. "아인슈타인이 선생들의 가르침을 무시할 때 보이던 싸늘한

눈빛"(앞의 책)이라는 기록이 다 남아 있을 정도이다. 물론 이런 방만한 태도는 담당 교수인 하인리히 베버Heinrich Weber(1843~1912)를 격노하게 만들어 졸업 후에 학교에서 조교로 일할 수 있는 길이 막혀 버리고 만다.

 역사의 장난은 참으로 재미있는 것이다. 아인슈타인은 좋은 취직자리를 잡지 못하고 졸업 후에 겨우 특허국의 기술직을 얻는다. 그런데 이 자리라는 게 어지간히 한직이었던지라 오히려 그에게 좋은 기회가 된다. 물리학에 몰두하며 창조적인 일에 마음껏 머리를 쓸 수 있었던 것이다. 그리고 이윽고 무명의 아인슈타인이 세계무대에서 두각을 나타내게 되는 기적의 해 1905년이 찾아온다.

『상대성 이론』 중에서

 - 특별한 성질이 주어진 '절대 정지 공간'이라는 것은 물리학에는 불필요하며, 또 전자 현상이 일어나는 진공 공간 속의 각 점에 대하여 그들 점의 '절대 정지 공간'에 대한 속도 벡터가 어떤 것인가를 생각하는 것도 무의미하게 된다.

 - 하나의 광선이 'A시간'의 t_A라는 순간에 A를 출발하여 B로 향하고 'B시간'의 t_B라는 순간에 B로 반사되어 A시간의 t'_A라는 순간에 A에 되돌아왔다고 하자. 만약

$$t_B - t_A = t'_A - t_B$$

라는 관계가 성립하면 이 두 가지 시계는 (정의에 따라) 일치한다.

여기서 말하는 "시계가 일치한다."라는 정의는 모순 없이 성립하고, 어떤 장소에 있는 시계에 대해서도 적용할 수 있다고 가정한다. 이에 따라 일반적으로 다음의 관계가 성립한다고도 가정한다.

1. 만약 B의 시계가 A에 있는 시계와 일치한다면 역으로 A의 시계는 B의 시계와 일치한다.
2. A의 시계가 B에 있는 시계뿐 아니라 C에 있는 시계와도 일치한다면 B, C에 있는 시계는 서로 일치한다.

Column

『짧고 쉽게 쓴 시간의 역사』
— 스티븐 호킹·레오나르드 믈로디노프 지음

"우주는 어떻게 탄생했고, 어디로 가고 있는 것일까?" 이 질문에 답하기 위하여 "세계 최고의 두뇌"라 불리는 케임브리지 대학의 스티븐 호킹Stephen Hawking 교수가 젊은 물리학자 레오나르드 믈로디노프Leonard Mlodinow와 함께 굉장한 해설서를 저술했다.『짧고 쉽게 쓴 시간의 역사A Briefer History of Time』(2005)가 바로 그 책이다.

뉴턴의 만유인력, 아인슈타인의 상대성 이론, 양자역학의 핵심 내용을 친절한 문장과 친근한 비유로 설명하고 있다. 머리를 싸매고 어려워하며 읽지 않아도 물리학의 흐름에 대한 지식을 쌓을 수 있는 과학책이다. 고등학교 교과서에 실려 있는 갈릴레오나 허블 등 과학계의 위인들도 한 사람, 한 사람 등장한다. 단 몇 줄을 가지고 역사적인 과학의 업적들을 깔끔하게 정리했을 뿐 아니라 현대 첨단 물리학이 등장하기까지의 발전 과정을 손에 잡힐 듯 쉽게 풀이하고 있다. 맨 마지막에서는 호킹 교수가 제시한 자연계의 통일 이론을 설명하고 있다.

책장을 죽 넘기며 훑기만 해도 머릿속에 마구 그림이 떠오르는 아름다운 책이기도 하다. 여러 쪽에 걸쳐 삽입된 컴퓨터 그래픽이 추상적인 우주의 모습을 훌륭하게 구현하고 있다. 또 독자와 마주 앉아 직접 이야기하는 듯한 문장이 일품이다. 우주를 처음 접하는 사람일지라도 쉽게 이해할 수 있다. 예를 들자면 상반되는 것이 접촉하여 소멸되는 대소멸 이론을 이런 식으로 설명하고 있다.

"만일 당신이 반자기反自己와 만난다면 절대 그와 악수하지 마라! 악수를 해 버리면 두 사람의 당신이 강한 섬광과 함께 그 자리에서 소멸해 버릴 테니."

제대로 알고 있는 학자라야 쉬운 책도 쓸 수 있다. 역으로 얘기하면, 어렵고 잘 안 읽히는 책이란 저자 자신도 잘 모르는 것을 썼기 때문이라는 뜻도 된다. 한마디로, 어려운 책이란 그 책을 쓴 사람의 잘못에서 비롯된다.『짧고 쉽게 쓴 시간의 역사』는 쉽고 제대로 된 책의 본보기라 할 수 있다. 세계 최고의 두뇌라 일컬어지는 스티븐 호킹 정도 되니까 이런 책을 쓸 수 있는 것이라고 자신 있게 말하고 싶다.

Books
함께 읽으면 좋은 책들

어린이들에게 과학자를 그려 보라고 하면 대개 흰 가운을 입고, 큰 주먹코에 헝클어진 머리를 하고, 혀를 삐죽 내밀고 있는 백인 노인을 그린다. 이것이 아이들이 가지고 있는 과학자에 대한 일반적인 인상이다. 나는 그런 과학자를 단 한 명도 보지 못했지만, 어른들 중에도 그와 비슷한 인상을 가지고 있는 이들이 많다. 그만큼 아인슈타인이 끼친 영향은 크다.

하지만 아인슈타인의 인생과 사상을 제대로 아는 사람은 드물다. 상대성 이론 100주년, 아인슈타인 타계 50주년을 기념하는 아인슈타인의 전기 『안녕, 아인슈타인』(2005, 사회평론)은 인간으로서의 아인슈타인과 물리학자로서의 아인슈타인을 균형 있게 보여 주고 있다. 또 그의 이론의 과학적 배경을 비교적 심도 있게 서술하고 있다.

1917년 이후에 아인슈타인은 연구실에서 살지 않는다. 그는 정치사상가로서 새로운 인생을 산다. 『아인슈타인의 나의 세계관』(2003, 중심)과 『아인슈타인의 유쾌한 편지함』(2003, 세종서적) 등을 빼놓아서는 안 된다. 특히 『아인슈타인의 유쾌한 편지함』은 전 세계 어린이들이 보낸 편지에 아인슈타인이 답장하는 형식으로 쓰여 있는데, 상대성 이론에 대한 아이들의 궁금증을 엿볼 수 있다.

그냥 아인슈타인이 좋아서 그에 관한 모든 것이 알고 싶다면 『아인슈타인 A to Z』(2005, 성우)를 권한다. A to Z라는 말이 보여 주듯 '공산주의', '머리 모양', '솔베이 회의', '쌍둥이 역설', '아인슈타이늄' 등 아인슈타인의 삶과 과학을 키워드로 구성한 백과사전식 전기이다. 잘난 척하기에 딱 좋은 책이다.

요즘은 초등학생에게 상대성 이론을 알려 주는 책들이 많은데, 아이들이 그 책들을 읽고 상대성 이론을 이해할 수 있을 것 같지는 않다. 다만 아인슈타인이라는 위대한 인물이 상대성 이론이라는 기묘한 이론을 발표해서 현대의 세계관을 완전히 바꾸었다는 사실을 기억하는 데 족할 뿐이다. 이 책들이 나빠서가 아니다. 원래 상대성 이론이 어렵기 때문이다. 상대성 이론은 정완상 교수의 『아인슈타인이 들려주는 상대성 원리 이야기』(2004, 자음과모음)와 『가르쳐주세요! 상대성 이론에 대해서』(2007, 일출봉)가 비교적 쉽게 설명하고 있다.

중·고등학생이 상대성 이론에 도전해 보고 싶다면, 우선 빅뱅 이론의 창시자 가운데 한 명인 조지 가모브의 『조지 가모브 물리 열차를 타다』(2001, 승산)로 시작하자. 뛰어난 과학 저술가이기도 한 가모브의 문장 능력은 독특하다. 그는 상대성 이론, 우주론, 양자론 등 어려운 물리학 주제를 쉽게 풀어 써서 과학의 대중화에 큰 공을 세웠다. 그 공로를 인정받아 1956년 유네스코로부터 상을 받기도 했다. 이 책은 상대성 이론뿐만 아니라 양자역학도 다루고 있는데, 노교수가 등장하여 마치 제자에게 이야기하듯 편하게 설명해 준다.

송은영이 쓴 『아인슈타인의 생각 실험실』(2010, 부키) 전2권이 가모브의 책과 비슷한 수준이다. 이 책을 읽으려면 최소한 중학교 졸업생 수준의 물리와 수학 지식이 있어야 한다. 책은 아인슈타인의 특수 상대성 이론과 일반 상대성 이론을 마치 다큐멘터리처럼 흥미진진하게 펼쳐내고 있는데, 아인슈타인 이후의 과학적 발견도 비교적 상세하게 서술하고 있다.

상대성 이론이 아인슈타인에서 시작된 것은 아니다. 상대성 이론의 역사와 개념을 간단히 정리한 논술고사 대비에 좋은 책을 묻는다면 '민음 바칼로레아' 시리즈의 『상대성 이론이란 무엇인가?』(2006, 민음인)를 꼽겠다. 꼬리에 꼬리를 무는 질문을 통해 고전 물리학에서 상대성 이론, 그리고 초끈 이론 등의 현대 이론까지 순식간에 여행할 수 있다.

위의 책을 읽었다면 자신이 제대로 이해했는지 테스트를 해 볼 필요가 있다. 이때 가장 좋은 책은 루이스 엡스타인 등이 쓴 『재미있는 물리여행 2-전기와 자기, 상대성 이론, 양자』(1988, 김영사)이다. 앞(9장 '함께 읽으면 좋은 책들' 편)에서도 얘기했듯, 쉽지 않은 책이다. 많이 생각해야 한다. 하지만 문제를 풀다 보면 자신이 알고 있는 것이 무엇인지, 오해한 것이 무엇인지 스스로 깨닫게 된다.

이제 아인슈타인이 쓴 『상대성 이론』을 읽어 보자. 스티븐 호킹이 쓴 『거인들의 어깨 위에 서서』(2006, 까치)에는 아인슈타인이 독일어로 발표한 「움직이는 물체의 전기역학에 관하여」, 「빛의 전파에 미치는 중력의 영향에 대하여」, 「일반 상대성 이론의 기초」, 「일반 상대성 이론에 대한 우주론적 고찰」이 실려 있다. 이 네 편의 논문을 읽고 나면 역시 상대성 이론은 어렵다고 느끼게 될 것이다.

'상대성'은 단순히 과학적인 표제어가 아니다. 사회문화적인 현상이 되었다. 정재승이 기획한 『상대성 이론, 그후 100년』(2005, 궁리)에서는 열네 명의 필진들이 상대성 이론이 철학, 음악, 미술, 건축, 영화, 광고 등 생활 전반에 끼친 영향을 분석하였다.

아인슈타인에 관한 책은 무수히 많다. 따라서 여기에서 소개하지 못한 좋은 책도 많다. 단, 아인슈타인에 관한 책을 고를 때는 "아인슈타인 ~ 이야기" 따위의 제목을 달고 있는 책들에 주의하자. 이런 책들은 대개 아인슈타인과 아무런 상관이 없다.

11
지금 이 순간에도 우주는 팽창하고 있다
성운의 세계
The Realm of the Nebulae

언제나 한결같이 별을 동경한 허블

누구나 과학자의 어린 시절에서 기대하는 한 가지가 있다. 나중에 이름을 얻게 되는 분야에 어린 시절부터 강한 동경을 갖고 있다가 마침내 세계적인 학자가 된다는 이야기가 그것이다. 소년 에드윈 허블은 그와 같은 세상의 기대를 십분 만족시켜 주는 인물이다.

에드윈 허블Edwin Hubble(1889~1953)은 미국 서부의 몬태나 주 마시필드에서 아홉 형제 중 차남으로 태어났다. 허블은 학교 성적이 우수하고 스포츠 만능에 성격까지 밝은 아이였다. 책 읽는 것을 좋아하여 한때는 모험소설의 세계에 푹 빠지기도 했다. 특히 그는 이과 계열 과목에서 출중한 재능을 보였다.

그가 우주와 만난 것은 일곱 살 나던 해 여름, 외할아버지 윌리엄 제임스 박사의 망원경을 훔쳐보던 때로 거슬러 올라간다. 밤하늘에 매료되어 한없이 별을 바라보다가 그해 11월 생일 선물로 망원경을 사달라고 한다. 허블은 초겨울의 차가운 밤공기에도 괘념치 않고 방한복으로 든든하게 몸을 감싼 뒤 샌드위치까지 챙겨 들고 망원경에 열중한다. 어른들은 저러다 곧 잠자리에 들겠지 하는 생각에 신경 쓰지 않고 내버려 두었지만, 그 예측은 크게 빗나가고 만다. 허블은 밤을 꼬박 새며 망원경으로 밤하늘을 관찰했다. 그 모습은 30세의 나이로 세계 최대의 윌슨 망원경을 일심분란하게 조작하는 위대한 과학자로서의 미래를 예감하게 하는 것이었다.

허블이 얘기하는 별 이야기를 귀 기울여 준 이는 외할아버지뿐이었다. 그가 열두 살 때 화성에 생명체가 존재할 가능성에 대해 편지로 써서 외할아버지에게 보냈는데, 할아버지는 그 편지를 지역신문에 투고하여 소년 허블이 매스컴에 진출하게 해 준다.

그 후 허블은 월등하게 뛰어난 성적으로 고등학교를 졸업하고 명문 시카고 대학에 장학생으로 입학한다. 당시 시카고 대학에는 천문학 분야의 일인자들이 다수 포진해 있었다. 세계 최대급의 망원경을 설치한 조지 헤일George Hale(1868~1938, 미국의 천문학자로 윌슨산 천문대, 팔로마산 천문대 등을 세웠다-옮긴이), 노벨 물리학상을 수상한 앨버트 마이컬슨Albert Michelson(1852~1931)과 로버트 밀리컨Robert Millikan(1868~1953) 등 쟁쟁한 학자들이었다.

이처럼 축복받은 환경에서라면 이후 순탄하게 공부하여 위대한 학자가 되었을 거라 생각하는 사람들이 많을 것이다. 그러나 허블의 인생은 그렇게 쉽게 풀려 주지 않았다. 그의 20대는 우여곡절의 연속이었다.

허블은 아버지의 강력한 희망에 의해 난데없이 전공을 바꾸어 영국 옥스퍼드 대학에서 법률 공부를 하고, 이윽고 변호사 자격을 취득한다. 그렇지만 천문학에 대한 미련을 끊는 것은 쉬운 일이 아니었다. 매일매일 갈등의 나날을 보내던 허블은 결국 천문학에 투신하기로 마음먹고 25세 때 시카고 대학 대학원에 들어간다. 그리고 앞서 언급한 헤일 교수의 덕으로 캘리포니아 주 윌슨산 정상에 새로 세운 천문대의 연구원으로 스카우트된다.

그때는 마침 제1차 세계대전이 한창이었다. 여기서 또 한 번 운명의 파도가 그를 덮친다. 그는 끓어오르는 애국심을 누르지 못한 나머지, 그에게 있어 더할 나위 없는 직업인 천문대 연구원직을 포기하고 전

에드윈 허블.

쟁에 지원해 일개 사병으로 유럽 전선으로 떠난다. 퇴역하고 다시 윌슨산 천문대로 돌아와 연구를 시작했을 때는 그의 나이가 벌써 30세였다.

요컨대 허블은 살면서 몇 번이나 길을 빙빙 돌아갔고, 과학자로서의 명성뿐 아니라 보통의 과학자들은 상상도 못할 전대미문의 이력까지 보유하게 되었다.

"안드로메다 대성운은 우리 은하 밖에 있다"

추리소설을 읽는 듯 독자로 하여금 별들의 세계로 끌려 들어가게 만드는 『성운의 세계The Realm of the Nebulae』는 허블 자신이 달성한 연구 업적을 생생하게 풀어놓은 책이다. 먼저 자연과학에 대해 논의한 뒤 그의 큰 업적 중 하나인 은하의 분류에 대해 서술하고 있다. 허블은 수많은 정밀 사진을 촬영하고 분석하여 은하의 형태를 크게 타원은하, 나선은하, 막대나선은하로 분류했다. 이는 지금도 '허블 분류법'이라 불리며 널리 사용되고 있다.

당시 천문학의 최고 관심사는 소용돌이 모양의 안드로메다 대성운이 우리가 살고 있는 은하계 안에 있을까, 아니면 바깥쪽에 있을까 하는 것이었다. 다시 말해 밤하늘을 가로지르는 은하수는 우리들이 살고 있는 은하계를 측면에서 본 모습인데, 이것과 안드로메다 대성운은 같은 것일까 아닐까 하는 문제로 학자들 사이에 크고 작은 논쟁이 있었다.

이 문제를 풀기 위해 허블은 안드로메다 대성운을 관측하던 중에 발견한 변광성(밝기가 규칙적으로 변하는 별)을 이용해 정확한 거리를 측정하는 데 성공했다. 그 결과, 안드로메다 대성운까지의 거리는 당시 사람들이 생각했던 30만 광년이 아니라 90만 광년이라는 것이 판명되었다. 요컨대 안드로메다 대성운은 우리 은하의 바깥쪽에 있었던 것이다.

계속해서 허블은 멀리 있는 은하 하나하나까지의 거리를 정확하게 측정하는 방법을 확립했다. 그는 상세한 관측 결과를 토대로 하여 논리적인 결과를 도출해 냈다. 이 책에는 그러한 과정들이 아주 상세하고 친절하게 서술되어 있어서 코난 도일의 추리소설보다도 훨씬 재미있게 느껴질 정도이다.

허블의 발견은 이에 그치지 않았다. 그는 멀리 있는 은하일수록 빨리 멀어지며 가까이 있는 은하는 천천히 멀어진다는 경천동지할 사실을 밝혀냈다. 우주가 일정한 속도로, 동시에 모든 방향으로 동일하게 팽창하고 있다는 사실을 도플러 효과를 사용하여 증명한 것이다. 덧붙여 모든 은하가 지구로부터 멀어지고 있으며, 접근하고 있는 은하는 거의 없다는 사실을 밝혀낸 것도 그의 공적이다. 때는 1929년, 인류가 그때까지 가지고 있던 우주관을 일거에 뒤집는 '허블의 법칙'이 탄생했다.

『성운의 세계』는 이처럼 다대한 허블의 업적을 허블 자신이 직접 솔직하게, 또 알기 쉽게 기술한 책이다. 과학 분야에서는 좀처럼 만나기 어려운, 쉽고 재미있는 명저라 하겠다.

허블우주망원경, 우주의 실체에 더 가까이 가다

허블은 1924년 "안드로메다 대성운은 우리 은하 안에 있지 않다."라고 미국 천문학회와 미국 과학진흥협회 공동 회의에서 발표했다. 『성운의 세계』가 출간되기 12년 전의 일이다.

우주에 안드로메다 대성운과 같은 은하가 무수히 많다는 뉴스가 천문학계만이 아니라 세간에서도 선풍적인 화제가 되어 전 세계 곳곳으로 빠르게 전파되었다. 허블의 발표 내용은 결국 우리만의 우주 말고도 또 다른 우주가 있다는 얘기였기 때문이다. 이는 천동설이 지동설과 자리를 바꾸던 때의 격동에 필적하는 경악이었다.

그렇다고 허블이 화형에 처해진 것은 아니었으나, '유일무이한 우주'였던 것이 '복수의 우주'로 바뀌었기 때문에 사람들의 격동은 필시 그와 썩 다르지 않았을 것이다. 허블의 연구는 자연과학계의 울타리를 훌쩍 뛰어넘으리만치 파급력이 막강한 것이었다.

허블의 많은 발견에는 "코페르니쿠스 이래 천문학계에 가장 중요한 기여를 한 인물"(하버드 대학 실리 교수), "우주에 대한 우리들의 개념을 지금까지 그 누구도 하지 못했을 정도로 철저하게 뒤집어 놓은 인물"(케임브리지 대학 호킹 교수)이라는 찬사가 지금도 쏟아지고 있다.

당연한 얘기겠지만, 그의 업적은 노벨상의 기준을 가뿐히 뛰어넘는 것이었다. 그러나 유감스럽게도 당시 천문학은 노벨 물리학상의 대상으로 고려되지 않았다. 게다가 허블은 노벨 물리학상의 수상 범위를 천문학까지 넓히자는 움직임이 있던 중에 63세의 나이로 돌연 세상을 떠나 버렸다. 노벨상을 받기 위해서는 장수하는 것도 중요하다는 우스갯소리가 징크스처럼 허블에게도 적용되어 버린 것이다.

허블이 발견하여 법칙화한 이론들과 공식들은 70년이 넘은 지금도 그 대부분이 부정되거나 뒤집어지는 일 없이 그 위로 또 다른 연구 성과들이 차곡차곡 쌓이고 있다. 과학 기술이 나날이 눈부시게 발전함에 따라 과거의 업적이 차례차례 일신되고 있는 것에 견주어 볼 때 허블의 경우는 아주 놀라운 것이다. 뿐만 아니라 기능이 좋은 천체망원경이 나오면서 허블이 예언한 것들이 하나하나 검증되어 사실로 밝혀지고 있다는 것도 놀랍다. 이는 허블이 취한 방식이 옳았다는 것을 의미한다. 만일 허블이 당시에 해석도가 높은 망원경을 손에 넣을 수 있었다면 더 많은 것을 발견했을지도 모르는 일이다.

허블의 바람을 이루어 줄 수 있을 만큼 정밀한 관측이 가능한 망원경은 1990년에 완성되었다. 이 망원경은 그의 이름을 붙여 '허블우주망원경'이라 하는데, 미국이 쏘아 올린 천체 관측 위성이기도 하다.

지상에서 하늘을 바라볼 때 큰 장애가 되는 것이 대기 중의 먼지와 수증기인데, 이것들이 적은 장소에서 관측하면 보다 정밀도가 높은 정보를 얻을 수 있다. 일본의 스바루 망원경이 하와이의 마우나케아 산 정상(표고 4169미터)에 있는 것도 최대한 높은 곳에서 그러한 것들의 영향을 덜 받으면서 하늘을 관측하기 위함이다. 대기 중에 떠 있는 먼지가 방해 요소라면 일단 대기가 없는 우주로 날아가 망원경을 조작하면 되지 않을까 하는 발상이 허블우주망원경을 만들게 된 계기이다. 현재 허블우주망원경은 지구 인력의 영향 아래 지구의 주위를 돌며 크나큰 성과를 거두고 있다. 우주의 나이가 137억 년 정도 된다는 사실 역시 이 망원경에 의해 밝혀졌다.

태양과 지구의 인력 때문에 허블우주망원경이 수명을 다하는 2013년경에는 차세대 망원경을 쏘아 올릴 예정이다. 차세대 망원경은 정점 관측이 가능하므로 정밀도가 한층 높아질 것이라는 기대를 모으고 있다. 이 망원경은 아폴로 계획의 기초를 다진 제임스 웹James Webb의 이름을 따서 '제임스웹우주망원경'이라 불린다.

과학의 본질과 과학 하는 사람의 자세

 자, 이제 시계를 다시 원래대로 돌려 『성운의 세계』에 대해 조금 더 이야기해 보자. 단, 여기서는 과학적인 사고에 관한 설명을 담은 『성운의 세계』 도입부에 주의를 기울여 보고자 한다. 허블은 책 전체 분량의 11분의 1을 과학자 특유의 관점에 할애하고 있다. 특히 과학의 본질에 대해 흥미로운 이야기를 하고 있는데, 뉴턴의 말을 인용하면서 글을 시작하고 있다.
 "만일 내가 보다 먼 곳을 볼 수 있었다면 그것은 거인의 어깨에 올라서 있었기 때문이다."
 분명 과학이란 선인들이 쌓아 올린 지식 위에서 성립된다. 허블 자신이 이룬 위대한 발견 또한 선인들의 덕인 것이다. 과학은 나날이 끊임없이 발전하는 것이므로 현재의 과학자들이 과거의 과학자들보다 자연의 세계를 보다 넓고 깊게 조망할 수 있다. 이것은 틀림없는 사실이다. 따라서 아주 소수를 제외한 대부분의 과학자는 시간이 흘러감에 따라 미래의 사람들에게 잊히는 것이 운명이라 하겠다.
 뒤이어 허블은 '과학의 세계'와 '가치의 세계'를 대조한다. 일반적으로 과학의 세계는 객관적인 논의가 가능한 것만을 취급한다. 과학의 성과는 선대의 과학자들이 엄격하게 추려 낸 연구 결과 위에 쌓아 올린 것이므로, 여기서 검증된 내용은 절대적인 권위를 지닌다. 그에 비해 가치의 세계에는 다양한 믿음과 신앙이 존재하므로 절대적인 가치란 어디에도 존재하지 않는다. 그러므로 "가치는 모든 사람에게 다 받아들여질 수는 없는 것"이라고 허블은 지적했다.

"과학의 방법은 먼저 법칙을 발견하고, 그 법칙을 이론으로 풀어내며, 궁극적으로는 우리들이 살고 있는 이 세계의 물리적 구조와 작용을 이해하는 것을 목표로 한다."

통상 과학자는 자신의 연구 분야에 대해서는 할 말이 많지만, 과학 전반을 아우르는 관점에서 이야기하는 데는 상당히 서투르다. 그러나 허블은 예일 대학에서 열린 과학 강좌의 첫 강연에서 과학의 본질을 청중들이 알기 쉽게 설명했던 경험을 이 책에서도 십분 발휘했다. 그는 이 점에서도 다른 평범한 학자들과는 한 차원 달랐던 것이다.

『성운의 세계』 곳곳에서 과학자의 교양이 넘쳐나고 있으며, 뛰어난 과학자는 타인의 교육과 개발에도 같은 능력을 발휘한다는 좋은 예가 엿보인다. 이 도입부만 제대로 읽어도 과학이 무엇인가를 알 수 있을 정도이다. 역사적인 발견을 한 과학자가 쓴 명저라고는 하지만, 그래도 참 대단한 것만은 사실이다.

수도승과 같은 천체 관측의 나날, 그리고 휴식

허블은 팀을 조직하여 대대적으로 공동 연구를 하는 타입은 아니었다. 그의 빛나는 업적은 분명 세계 최대의 망원경을 자유자재로 조작할 수 있었던 환경에서 비롯되었다. 그는 관측으로 얻은 방대한 데이터를 꾸준히 쌓아 올렸을 뿐이다. 원래 천체 관측은 늘 할 수 있는 작업이 아니다. 낮이나 비 오는 날에는 아예 불가능하고, 저 멀리 있는 별에서 나오는 미세한 빛을 보기 위해서는 되도록 달이 뜨지 않는 날을 골라야 한다. 당시의 천체 관측은 관측자의 형편이나 몸 상태 등에 상관없이 진행되어야 하는 상당히 가혹한 일이었다.

마치 수도승과 같이 관측의 나날을 보냈던 허블이지만, 사적인 시간을 보낼 때는 권투를 즐기는 스포츠맨이었다. 일설에는 프로 권투 선수로 데뷔해도 되겠다는 얘기를 들을 정도로 기량이 뛰어났다고 한다. 또 낚시에도 취미가 있어서 낚싯대를 메고 종종 강으로 나가 송어를 잡았다. 이 시간이야말로 그에게 있어서 한 차례 머리를 식히고, 다음 발견을 준비하는 시간이었을 것이다. 훗날 허블 자신도 "콜로라도의 자연 속에서 낚싯줄을 드리우고 있을 때가 연구에 대해 사색하는 최고의 순간"이라고 말했다.

허블의 또 다른 재미있는 일면을 소개해 보겠다. 사적인 시간을 동료와 함께 보내는 일이 별로 없었음에도 허블의 교우 관계는 눈이 휘둥그레질 정도로 대단했다. 그의 홈 파티 참석자 명단에는 당대 유명 인사들의 이름이 다수 들어 있었다. 코미디의 왕 찰리 채플린, 애니메이션의 아버지 월트 디즈니, 〈봄의 제전〉으로 유명한 세계적인 작곡가 이고르 스트라빈스키, 훗날 영국 수상이 되는 로버트 이든, 마를린 먼로가 주연한 영화 〈신사는 금발을 좋아한다〉의 원작자인 아니타 루스, 생물학자 줄리언 헉슬리 등 일일이 다 꼽을 수 없을 정도이다. 미남에 두뇌 명석하고 스포츠 만능에 화려한 교우 관계까지, 게다가 결정적으로 세계를 바꿔 놓은 과학자. 이 정도면 "슈퍼맨"이라는 칭호가 아깝지 않을 것 같다.

그러나 나는 허블이 낚시를 하고 있는 모습에서 가장 큰 매력을 느낀다. 휴식이야말로 자신만의 전략을 숙성시키는 시간이라는 것을, 나 자신도 매일매일 절감하고 있기 때문일지도 모르겠다.

『성운의 세계』 중에서

- 은하의 영역을 탐구하는 일은 거대한 망원경에 의해 달성된다. 그리고 이것은 다른 은하들이 우리가 살고 있는 은하와 비슷한 크기를 갖고 있으며 독립적인 항성계를 이루고 있다고 인식하는 일로부터 시작된다. 일단 은하의 정체가 판명되면, 다음으로 거리 측정 방법이 발전하기 마련이고 곧이어 새로운 연구 분야가 생긴다.

은하에 대한 인식을 분명히 하고, 나아가 우리들이 바르게 인식할 수 있는 영역을 10억 배 넓힌 장치는 후커망원경이다. 이것은 워싱턴 카네기 연구소 소속 윌슨산 천문대에 있는 구경 100인치짜리 반사망원경이다.

- 우주 답사는 다음 세 가지 단계로 나뉜다. 맨 처음 우리들의 답사는 '행성의 세계'에 머물러 있었으나, 다음으로 '별의 세계'로 넓어지고, 마지막으로 '성운의 세계'로 돌입한다.

각 단계 사이에는 긴 시간이 필요했다. 그리스인 덕분에 달까지의 거리는 잘 알고 있었으나, 태양계의 각 행성까지의 거리는 17세기 후반에 와서야 알려지게 되었다. 별까지의 거리가 알려진 것은 거의 1세기 전의 일이고, 우리 세대에 와서야 은하까지의 거리를 계산할 수 있게 되었다.

— 불가사의하게도 은하는 모두 서로 비슷비슷하다. 즉 단일한 무리를 형성하고 있는 은하의 광도가 알려졌으므로 그 거리를 계산하는 것이 가능하고, 분포 지도를 그릴 수 있다. 은하는 혼자이거나 집단으로 존재하거나 혹은 큰 은하단 안에 존재하는 경우도 있지만, 매우 거대한 영역에서는 무리를 형성하는 경향이 있으며 영역의 성질은 어느 곳에서나 매우 닮아 있다.

Column

『빅뱅 – 어제가 없는 오늘』
— 존 파렐 지음

예로부터 머리 좋은 이과계 사람들은 물리학을 전공하는 경우가 잦았다. 그 덕에 우리들이 살고 있는 우주는 머나먼 옛날 대폭발을 일으켜 지금도 계속 팽창하고 있다는 빅뱅Big Bang 이론이 탄생했다. 우주에 관한 기본적인 이론이다.

하지만 나는 이 분야에 문외한인지라 아는 것이 하나도 없다. 화산학자로서 말하건대, 내가 그 난해한 수식을 해석해 가며 '빅뱅'을 제대로 이해하기란 절대 불가능하다고 단언할 수 있다. 결코 잘난 척하려고 이런 얘기를 하는 것이 아니다. 과학자들 사이에서도 각자의 전문 분야 간에는 격차가 아주 크다.

존 파렐John Farrell이 쓴 『빅뱅–어제가 없는 오늘The Day Without Yesterday』(2006)은 우주 탄생의 모델을 최초로 제창한 벨기에의 가톨릭 신부 조르주 르메트르Georges Lemaître(1894~1966)의 이야기를 담고 있다. 신의 존재를 믿는 종교인과 혁신적인 물리학자가 한 사람 안에 공존하다니, 너무도 신기하면서 대단하지 않은가! 물리학과 화산학의 거리 같은 건 고민거리도 못 되는 것 아닌가 싶다.

르메트르는 신부로서 상당히 빼어나 높은 지위까지 올랐지만, 우주 물리학자로서도 그 누구보다 뛰어나고 획기적인 성과를 하나하나 발표한다. 그러나 그가 발표한 대담한 가설은 동시대의 물리학자들에게는 좋은 평가를 받지 못했다. 한편 성직자들 쪽에서는 평가가 달랐다. 르메르트가 발표한 우주의 팽창 모델에 대해 교황이 "「창세기」에 나오는 '천지창조'에 과학적 증명을 부여하는 것이므로 상당히 기꺼운 성과"라는 말도 안 되는 발언까지 할 정도였다. 이처럼 오해와 몰이해가 난무하는 가운데 르메트르는 신앙과 과학을 엄준하게 구별하며 과학자로서의 자세를 지켜 나갔다. 나는 신을 모시는 경건한 사제가 묵묵히 우주 과학을 연구하는 모습에서 고상함과 지성을 느꼈다.

빅뱅 연구사는 과학에 별 관심이 없는 사람들도 꽤 흥미롭게 읽을 수 있다. 물리학자들이 가장 흥분한 시기라고 일컬어지는 20세기 초엽의 사반세기. 이 시대와 조우할 수 있었던 행운의 과학자들이 만들어 내는 이야기가 이 책에 생생하게 그려져 있는데, 손에 땀을 쥘 만큼 흥미진진하다.

과학은 결코 무미건조한 수식의 나열이 아니다. 거기에는 인간의 드라마가 있다. 르메르트가 아인슈타인이나 조지 가모브George Gamow(1904~1968, 러시아 출신의 천체 물리학자로 허블 이후 최고의 천체학자로 손꼽힌다-옮긴이) 같은 저명한 학자들과 친분을 나누거나 알력 싸움을 하는 에피소드도 상당히 재미있다. 밤하늘과 인간. 이 두 가지에 대한 지혜를 얻는 데 아주 적절한 책이다.

Books

함께 읽으면 좋은 책들

"하늘은 얼마나 높을까?" 이석영 연세대학교 천문학과 교수는 『모든 사람을 위한 빅뱅 우주론 강의』(2009, 사이언스북스)에서 이렇게 물었다.

하늘의 높이는 생각하기 나름이다. 구름이 동동 떠다니는 곳까지만 하늘이라고 생각하면 그 높이는 고작 10킬로미터이지만, 햇빛이 산란되어 파랗게 보이는 곳이 하늘이라고 하면 높이가 100킬로미터에 이른다. 별이 반짝이는 곳까지를 하늘이라고 하면 약 9500조 킬로미터(1000광년)까지이고, 별과 별 사이의 까맣게 보이는 허공까지를 하늘이라고 하면 그 높이는 자그마치 137억 광년이나 된다. 그리고 하늘의 높이는 지금도 매일매일 높아지고 있다.

우리가 이런 생각을 하도록 해 준 사람이 바로 우주팽창론을 주장한 에드윈 허블이다. 허블의 『성운의 세계』는 아직 우리말로 번역되지 않았으며 앞으로도 번역될 일은 없겠지만, 그는 어떤 천문학자보다도 자주 회자되는 인물이다.

허블의 이론은 머릿속에서 나온 것이 아니라 철저히 천문 관측 관찰 데이터에서 나온 것이다. 관찰은 망원경으로 한다. 오늘날에는 그의 이름이 붙어 있는 허블우주망원경이 지구 대기권 밖에서 지구 중심 궤도를 돌면서 천문 관측 데이터를 지구로 보내고 있다.『하늘을 보는 눈-갈릴레오 망원경에서 우주 망원경까지 천문학 혁명 400년의 역사』(2009, 사이언스북스)는 '2010년 세계 천문학의 해'를 기념하는 공식 도서이다. 갈릴레오의 망원경에서 허블 망원경에 이르는 망원경의 역사를 통해 우주에 대한 이해를 돕고 있다. 이 책에는 최신 연구 결과들을 다양한 애니메이션과 컴퓨터 시뮬레이션으로 설명하는 〈하늘을 향한 눈〉이라는 DVD가 부록으로 첨부되어 있다. 한편 별과 은하, 다양한 우주론과 외계 생명체에 관심이 있다면 존 그리빈의『스페이스』(2002, 성우)가 읽을 만하다. 이 두 권의 책은 테이블 북으로 화려한 도판이 돋보인다.

우주가 팽창한다는 사실은, 바꾸어 생각하면 우주는 한 점에서 출발했다는 것을 말해 준다. 그 출발을 우리는 빅뱅이라고 한다. 앞에서 언급한『모든 사람을 위한 빅뱅 우주론 강의』에는 빅뱅의 비밀이 고스란히 담겨 있다. 이 책의 장점은 다양한 비유와 현대 과학의 실험적 성과물들을 수식 없이 보여 주고 있다는 것이다.

우주의 역사를 천문학적인 관찰로만 풀어낸다면 필경 허망할 것이다. 생물학, 화학, 지질학 등 여러 학문이 일궈낸 통찰을 집대성하지 않았다면 과학자들은 우주의 나이를 137억 살이라고 단정하기 어려웠을 것이다.『오리진』(2005, 지호)은 다양한 단서를 이용하여 '우주의 기원→은하와 우주의 구조→별들의 기원→행성의 기원→생명의 기원' 순서로 우주를 큰 것에서 작은 것으로 살펴본다.

시작이 있으면 끝도 있는 법이다. 별의 일생은 블랙홀로 끝난다. 과학자인 내가 블랙홀이란 말을 처음 들은 것은 1990년 스티븐 호킹의『시간의 역사』(1990, 삼성출판사) 초판을 읽으면서였지만, 요즘에는 초등학생도 다 안다. 그러나 블랙홀이란 개념이 황당하고 엽기적인 아이디어에서 어떻게 발전했는지, 그리고 블랙홀의 존재를 어떻게 확인했는지, 블랙홀의 정체는 무엇인지 아는 사람들은 그리 많지 않다. 쉽지 않은 내용이다. 스티븐 호킹의 『시간의 역사』도 이해하는 데는 많은 노력이 필요하다. 블랙홀에 대한 많은 질문에 쉽고 명료하게 답하면서도 최신 연구 결과까지 담아낸 책이 있다. 『블랙홀 교향곡』(2009, 동녘사이언스)이 그것이다.

우주과학자들이 가장 궁금해하는 것 가운데 하나는 외계의 지성 생명체의 존재이다. 외계 지성체에 대해 세계에서 가장 활발한 연구를 벌이고 있는 세티(SETI) 연구소의 수석 천문학자 등이 쓴 『우주 생명 이야기』(2005, 다우)는 천문학책이자 생물학책이라고 할 수 있다. 외계 생명체를 이해하기 위해서는 생명이 무엇인지를 먼저 정의해야 하기 때문이다. 대부분의 학자들이 우리 정도의 지적 능력이 있는 외계인들이 반드시 존재할 것이라고 믿는 근거가 되는 드레이크 방정식이 쉽게 설명되어 있으며, 우리가 생각하는 다양한 외계 생명체들의 모습이 과연 논리적인지에 대해 서술하고 있다.

외계인에 관한 책들은 어린이들에게는 사실 어렵다. 과학적인 요소에 철학적인 요소마저 더해지기 때문이다. 그래서 대부분의 아동용 도서는 단순히 흥미 위주로 서술되어 과학적인 요소가 부족하다. 그런데 '앗!' 시리즈의 한 권인 『웬일이니 외계인』(2000, 주니어김영사)은 외계인을 꽤 진지하게 다루고 있다. 『우주 생명 이야기』의 어린이 판이라고 할 수 있다. 중학생이라면 '어떻게' 시리즈의 한 권인 『어떻게 외계인을 만날까?』(2007, 사이언스북스)가 적당하다.

과학자들은 외계 지성체의 존재는 거의 확신하지만 UFO를 봤다는 이야기는 절대로 믿지 않는다. 가장 가까운 별도 지구에서 4.2광년은 떨어져 있다. 현재 인간이 만들 수 있는 최고의 우주선으로 약 5~10만 년이 걸리는 거리이다. (우주는 크다. 다른 별이 아니라 우리 별인 태양에서 지구까지의 거리도 1억 5000만 킬로미터나 된다.) 그 거리를 날아와서 그냥 간다는 게 말이나 되는가? 그 기간 동안 생명체가 살아 있을 수나 있나? 또 어느 정부가 그만 짓을 한단 말인가? 그럼에도 불구하고 많은 사람들이 UFO를 봤다고 주장하고, 또 그들의 말을 믿는 사람들이 있다. 마이클 셔머의 『왜 사람들은 이상한 것을 믿는가』(2007, 바다출판사)는 사이비 과학에 대한 비판서이다. 이 책은 과학과 사이비 과학, 역사와 사이비 역사를 구분하면서 이런 믿음에 저항하는 방법론을 제시한다.

천문학에 관심이 없다면 칼 세이건의 『콘택트』(2001, 사이언스북스)를 권한다. 조디 포스터 주연의 영화 〈콘택트〉의 원작 소설이다. 천체물리학자인 주인공 엘리가 우주에서 오는 단파를 수신하던 중 직녀성으로부터 정체 모를 메시지를 받고서 마침내 그들과 교신하고 아버지를 만난다는 이야기이다. SF이지만 전혀 황당하지 않다. 이 영화를 보고도 우주의 진화와 외계 생명체에 관심이 생기지 않는다면 대책이 없다.

지구의 신비를 밝히는 책

『자연사』
Naturalis Historia

『지질학 원리』
The Principles of Geology

『대륙과 대양의 기원』
Die Entstehung der Kontinente und Ozeane

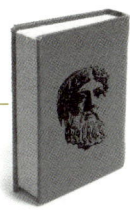

12
고대 로마의 백과사전
자연사
Naturalis Historia

인류의 모든 지식을 아우르는 대작을 쓴 플리니우스

가이우스 플리니우스 세쿤두스Gaius Plinius Secundus(23?~79)는 서기 23년경 로마 제국, 즉 지금의 북이탈리아에서 태어났다. 사후 2000년 가까운 시간이 흘렀음에도 여전히 이름이 남아 있을 정도로 걸출한 인물이다.

플리니우스는 제국의 수도 로마에서 상류층이 받았던 교육을 받는다. 이는 그의 집이 아주 유복했으며 교육열이 대단한 부모 밑에서 자랐다는 증거라 할 수 있다. 젊은 시절 플리니우스는 유명한 문법가 아피온에게서 마술에 대한 이야기를 들었는데, 이는 아무래도 의심스러운 것이었다고 글로 남기고 있다. 그러나 한편으로는 아피온에게 배운 다양한 지식 중에서 유용하다고 생각되는 것을 나중에 『자연사 Naturalis Historia』에 꼼꼼히 기록해 두었다.

그는 많은 지식인에게 귀여움을 받았다. 키케로나 아우구스투스에게서 친필 편지를 받았는가 하면 세네카와도 대화를 나누었다고 한다. 청년기에는 스토아 철학을 공부하여 당대의 학자들로부터 영향을 짙게 받았다.

『자연사』는 식물에 대해 많은 분량을 할애하고 있는데, 이는 최고 권위의 식물학자였던 안토니우스 카스토르에게서 배운 것이다. 역사상 가장 오래된 식물원을 만들었다고 전해지는 카스토르는 그때 이미 100세를 넘긴 노인이었는데, 건강과 식물에 관한 이야기를 젊은 플리니우스에게 들려주었다.

법률과 수사학을 공부한 플리니우스는 47년에 기병 사관이 되었고,

가이우스 플리니우스 세쿤두스.

69년에 즉위한 베스파시아누스Vespasianus(9~79) 황제의 눈에 들어 이후 여러 곳에서 황제의 대관을 역임한다. 그는 당시 로마를 병들게 만들던 상류층의 퇴폐를 거부하고, 오로지 학술과 군 업무에만 매진하는 나날을 보낸다. 이즈음 삼라만상에도 흥미를 보여 『자연사』 전37권을 집필하기 시작한다. 플리니우스의 근면 성실함은 그의 조카가 쓴 편지에서도 엿볼 수 있다.

79년에 플리니우스는 로마 함대 사령관으로 임명되어 이탈리아 남부의 나폴리 항에 위치한 미세눔으로 갔다. 그런데 베수비오 화산의 대폭발로 화쇄류에서 나온 유독한 화산가스에 말려들어 함대원과 함께 장렬한 최후를 맞는다.

그의 조카가 이 사건을 편지에 써 둔 덕에 베수비오 화산 분화에 관한 상세한 내용이 후세까지 전해지게 되었다. 후에 조카인 가이우스 플리니우스 카에키리우스 세쿤두스Gaius Plinius Caecilius Secundus (61?~113?)는 '소小 플리니우스', 이 책에서 다루고 있는 플리니우스는 '대大 플리니우스'로 불리게 된다.

백과사전적 지식에 플리니우스의 가치관을 담다

황제 티투스Titus(39~81)에게 백과사전으로 바쳐졌다고 하는 『자연사』는 우주, 지구, 기상, 지리 등 지구 및 우주에 관련된 자연과학으로부터 인간, 동식물, 농업, 약품 등 우리를 둘러싼 것들, 그리고 회화와 조각 같은 예술에 이르기까지 아주 광범위한 분야를 두루 기술하고 있다. 다루고 있는 항목의 개수만 2만여 개가 넘고, 로마 제국 안팎의 저자 2000여 명이 쓴 방대한 양의 문헌을 인용하고 있다. 이 책이 다루고 있는 것들의 광범위함은 타의 추종을 불허한다.

플리니우스는 인류의 지식을 모두 아우르는 대작을 목표로 『자연사』를 썼다. 그러다 보니 마음 자세도 남달라 책을 쓰는 내내 인간과 자연과의 바른 관계를 추구하는 자세를 견지하고자 노력했다. 그의 마음속에는 "자연은 인간을 한층 뛰어넘는 것"이라는 인식이 명확하게 자리 잡고 있었으며, 이러한 인식을 바탕으로 인간의 본분과 사리를 분별하는 삶의 방식을 지향했다. 그 증거로 단순히 무미건조한 기술로 눈에 보이는 것 모두를 망라하는 것이 아니라, 요소요소에 자기 자신의 생각이나 가치관을 끼워 넣었다.

그가 자신의 사상을 『자연사』에 농도 짙게 반영한 이유는 플리니우스가 살았던 시대의 특성에 기인한 것으로 보인다. 그가 『자연사』를 집필한 것은 로마 제국이 최고 절정기를 맞아 황제가 드높은 권세를 누리던 때였다. 이 시기 로마인들의 생활은 필요 이상 사치스러웠으며, 도덕이 자취를 감추고 퇴폐가 성행했다. 로마 제국의 고관이면서도 실용적이고 절제된 생활을 고수하던 플리니우스는 그런 현실에 마음이 아팠다. "자연의 모든 존재는 인간을 위해 존재하는 것이다. 인간이 자연을 똑바로 인식하고 자연에 접근하면 비로소 모든 것이 인간에게 유용하게 된다. 그러나 잘못 이용하면 자연의 은혜를 입지 못하고 오히려 자연한테서 복수를 당하게 된다."라고 그는 『자연사』에 쓰고 있다.

플리니우스는 죽을 때까지 끊임없이 『자연사』를 고쳐 썼다고 한다.

고대 로마에서 중세 유럽까지, 스테디셀러가 된 『자연사』

플리니우스가 쓴 『자연사』는 로마 시대에 선현들이 남긴 서적들을 집대성한 것이다. 말하자면 카피 앤 페이스트 백과사전이라고도 할 수 있다. 그러나 만약 플리니우스가 이러한 서적들을 『자연사』라는 형태로라도 남겨 두지 않았다면, 고대 그리스의 학문과 문화에 관한 많은 일화가 역사의 저편으로 사라져 버려서 지식이 전승되는 데 큰 장애가 생겼을 것이라 해도 과언은 아니다.

『자연사』는 자연을 세세히 기술한 권위 있는 교과서로 인정받아, 그의 사후에도 수없이 많은 사본들이 쏟아져 나왔으며 다양한 언어로 번역, 출간되었다. 『자연사』를 인용하거나 발췌하는 일도 활발히 이루어졌고, 『자연사』에 대한 주석서까지 출간되었다.

이와 같은 과정을 거쳐 『자연사』는 중세 유럽에서 천천히 착실하게 스테디셀러로 자리 잡았다. 플리니우스가 집필한 작품이 모두 102권인데, 그중 『자연사』만이 후세에 남았다는 것을 보아도 사람들이 이 책을 얼마나 필요로 했는지 쉽게 짐작할 수 있다.

르네상스 시대에 활판 인쇄술이 발명되면서 『자연사』의 유포도 상당히 빠르게 진행되었다. 1469년에 이탈리아 북부의 베네치아에서 출간된 판본이 현재까지 남아 있으며, 고대 그리스에서 절대적인 영향력을 발휘했던 프톨레마이오스의 『지리학 Geographike Hyphegesis』 다음으로 많이 인쇄되었다는 기록이 남아 있을 정도이다. 그중에서도 '식물성 약물'에 관한 내용을 다루고 있는 20권에서 27권만 떼어서 중세 의학의 기본서인 『플리니우스 의학』으로 사용하기도 했다. 오늘날에도 이 책의 이러한 기능을 인정하여 고대의 사물과 사회제도를 연구하는 데 있어 필수 1급 문헌으로 사용하고 있다.

『서한집』에서 플리니우스를 엿보다

플리니우스의 인품에 대해서는 조카인 소 플리니우스가 남긴 『서한집Epistulae』을 통해 엿볼 수 있다. 그의 엄청난 학구열과 반듯한 생활 방식은 최첨단을 달리는 현대의 과학자와 비교해도 조금도 뒤지는 구석이 없다. 일화를 하나 들자면, 산책하는 소 플리니우스를 보고 플리

『자연사』의 속표지.

니우스가 "그런 짓으로 시간을 쓸데없이 낭비하지 마라."라고 호되게 야단을 쳤다고 한다. 연구 활동을 하지 않는 시간은 그에게 있어서는 곧 인생의 낭비였던 것이다.

그러면 플리니우스의 하루는 어떠했을까? 그 역시 로마인들의 습관과도 같았던 일광욕과 목욕을 즐기긴 했지만, 그런 일을 하는 중에도 문헌을 읽으며 공부를 했다. 플리니우스는 밥을 먹을 때조차도 독서에 몰두하고, 밥을 다 먹으면 또다시 일분일초를 아껴 가며 집필을 했다. 잠도 변변히 자지 않고 밤을 꼬박 새 가며 연구에 매진했다. 소 플리니우스의 『서한집』에 그런 플리니우스의 생활이 잘 묘사되어 있다.

"그는 명민한 머리뿐 아니라 믿기 어려울 만큼 강한 연구 열정을 갖고 있었습니다. 게다가 잠과 휴식도 마다할 정도의 근면함을 갖춘 사람이었습니다. 그는 불의 신 불카누스의 제삿날부터 등불을 밝히기 시작했습니다. 새 점에서 길조를 얻기 위함이 아니라 공부를 하기 위해서였습니다."

플리니우스는 잠시 누워서 쉴 때는 아랫사람을 시켜 책을 낭독하게 했다. 그렇게 책 내용을 듣던 중 뭔가 중요한 대목이 나오면 즉시 자세를 고쳐 앉고는 요점을 적었다.

나는 항상 학생들에게 "단 한 줄이라도 도움이 되는 구절이 있는 책은 반드시 사라."라고 말하고 있는데, 재미있게도 플리니우스 또한 비슷한 이야기를 남기고 있다.

"그는 책을 읽으면 반드시 필요한 부분을 요약해 두었습니다. 그는 언제나 '사람에게 아주 작은 도움도 주지 못할 정도로 쓸모없는 책은 이 세상에 한 권도 없다.'라고 말하며 웃었습니다."

플리니우스는 영광스러운 로마 함대의 사령관을 역임했을 정도로 성공한 사람이었으나, 그 자신은 정작 명예보다는 공부에 매진하고 책을 집필하는 데서 더 큰 삶의 보람을 느꼈다. 소 플리니우스는 친구 마케르에게 보낸 편지의 말미에 이렇게 적고 있다.

"비록 제아무리 싫증 내지 않고 꾸준히 학문에 정진해 왔다고 자부하는 사람일지라도, 우리 숙부와 비교하면 자신의 생애는 온통 잠과 나태함으로 점철되었을 뿐이라며 얼굴을 붉히게 될 것입니다."

베수비오 화산의 폭발과 플리니우스의 죽음

플리니우스를 죽음에 이르게 한 79년의 베수비오 화산 폭발은 그의 이름을 화산학의 역사에 새겼다. 베수비오 화산 폭발 이후 이러한 유형의 분화를 "플리니 식 분화"(유동성이 작은 마그마가 대폭발을 일으키는 분화로, 화산재와 부석 등으로 이루어진 열운이 성층권까지 다다르며 대규모의 화쇄류가 분출되어 광범위한 지역에 피해를 입힌다-감수자)라고 부르고 있기 때문이다.

그날 베수비오 화산 분화의 규모가 어느 정도였는지 살펴보자.

8월 24일 오후, 베수비오 화산 정상에서 연기가 하늘로 피어올랐다. 화산학 전문 용어로는 분연주噴煙柱라고 하는 연기이다. 연기의 형태는 늙고 무성한 소나무가 하늘을 향해 가지와 잎을 뻗고 있는 모습을 연상하면 정확할 것이다.

8월 24일 저녁 무렵에는 대량의 화산재가 산 정상에서 분출되어 멀리까지 날아가 떨어졌다. 플리니우스가 탄 함대 위에도 화산재가 내려와 쌓였다. 배는 해안 가까이에 있었다. 하늘이 점점 어두워지더니 곧 새까맣게 변했다. 고운 화산재뿐 아니라 굵은 자갈과 화산탄까지 떨어져 내렸다. 화산탄의 중심부는 아직 초고온이었으므로 지면에 떨어져 부서지면 새빨간 속이 드러났다.

8월 25일 아침에는 드디어 화쇄류가 발생했다. 베수비오 화산 정상에서 시뻘겋게 달아오른 화산재와 암석 파편이 한꺼번에 흘러내렸다. 고온의 화쇄류는 지표면을 덮고 바다까지 넓게 퍼져 나갔다. 카프리 섬과 미세눔 곶은 화쇄류에 삼켜져 시야에서 사라져 버렸다. 이 무렵 플리니우스가 통솔하는 함대의 군인들과 사람들이 전원 화쇄류와 함께 발생한 유독가스에 휘말렸다. 이는 아황산가스라 불리는 이산화황의 성분으로 땅속의 마그마에 축적되어 있던 것이다.

18세기에 들어와 베수비오 화산의 분화로 매몰된 도시 폼페이를 발굴하기 시작하면서 고대 로마의 생활이 상세하게 알려지게 되었다. 그들은 1세기에 이미 고도의 기술을 보유하고 풍족한 생활을 영위하고 있었다. 거의 2000년 만에 빛을 본 폼페이의 유물은 나 같은 화산학자도 깜짝 놀랄 만큼 생생한 과학의 자료가 되고 있다.

『자연사』 중에서

- 경이로운 산 가운데 하나인 에트나 산은 밤에도 항상 불을 태우며 서 있다. 엄청나게 오랜 시간 동안 불에 연료를 공급하고 있다. …… 또 자연의 노여움은 많은 나라를 큰 화재로 멸망케 하니, 에트나 산만을 예로 들 것은 아니다. 파세리스의 키마이라 산도 불타고 있다. 실제로 밤에도 낮에도 변함없이 불꽃을 내뿜으며 타오르고 있다.

- 그것은 비에 의해 물이 불어나면 아스팔트가 밖으로 배출되고 그 역겨워 보이는 흐름에 섞이게 된다. 그런 경우가 아니더라도 다른 보통의 아스팔트보다는 그 흐름이 훨씬 유동적이다. …… 에올리에 제도에 있는 신성도神聖島와 리파리 섬이 바다에서 바다와 함께 며칠간 타오르며, 원로원의 대표자가 그것을 잠재우는 의식을 행할 때까지 사그라지지 않았다. 그렇지만 가장 큰 화산의 불꽃은 에티오피아에 있는 "신들의 마차"라고 불리는 산봉우리의 불꽃으로, 그것은 실제 태양열과 함께 타오르며 불꽃을 내뿜고 있다.

  자연은 정말 많은 곳에서 정말 많은 불을 가지고 지구에 존재하는 나라들을 태우고 있다.

- 불이라고 하는 원소는 스스로를 낳고 아주 작은 불꽃에서 번성할 정도로 생산력이 뛰어나므로, 장래에 이 엄청난 대지의 화장단火葬檀 사이에서 어떤 일이 일어날지 각오해야 하는 것인가. 자기 자신은 조금도 해를 입지 않으면서 전 세계에서 질릴 줄 모르고 제 욕구를 키워가는 자연의 원리는 무엇인가.

  여기에 무수한 별과 강력한 태양을 더하자. 인간이 만든 불, 돌 안에 또 마찰하는 목재 안에 존재하는 불, 나아가 구름의 불과 천둥 번개의 근원을 더하자. 그리고 의심의 여지 없이 가장 경이로운 것은 태양 광선과 접한 오목 거울(또는 오목 렌즈)조차 어떤 불보다도 쉽게 불을 붙이거늘 어느 곳에서도 큰불이 나지 않은 날이 하루라도 있었다는 사실일 것이다.

Column

『크라카토아』
— 사이먼 윈체스터 지음

1883년 여름, 인도네시아의 크라카토아 화산이 대폭발을 일으켰다. 사이먼 윈체스터Simon Winchester가 쓴 『크라카토아Krakatoa』(2005)는 세계 최대급의 화산 분화와 그것이 세계에 미친 영향에 대해 쓴 논픽션이다.

크라카토아의 대분화는 화산섬을 날려 버리고 화쇄류와 진파를 발생시켜 3만 6000여 명의 인명 피해를 냈다. 분화가 끝난 뒤에는 미세한 화산재가 세계 곳곳으로 퍼져 나가 붉은 노을이 몇 달 동안 사라지지 않았다. 이로 인한 평균기온의 하강 또한 많은 화산학자의 관심을 모았고, 지금도 관련 연구가 활발히 계속되고 있다.

크라카토아 대분화에는 또 하나 특기할 만한 것이 있다. 세계 곳곳에 분화의 소식을 알린 것이 해저에 매설된 전신 케이블이라는 점이다. 사회학자인 마샬 맥루한Marshall McLuhan(1911~1980)은 전자 미디어의 발달로 세계는 하나의 마을처럼 그 존재가 축소되었다고 말했다. 전신은 화산 분화의 공포를 세계 여러 곳으로 단시간에 전파했다. 속도나 기능 면에서 오늘날의 미디어와 비교해도 결코 뒤떨어지지 않았다. 그러한 사실이 이 책에 훌륭하게 그려져 있다.

그다지 잘 알려져 있지 않은 사실인데, 크라카토아와 같은 대규모의 분화가 일본 열도에도 1만 년에 한 번꼴로 일어나고 있다. 가장 최근의 분화는 7000여 년 전에 있었던 가고시마 남방의 분화로, 당시 그곳에 살고 있던 구석기 시대 사람들에게 엄청난 피해를 입혔다.

사이먼 윈체스터는 역사, 과학, 정치 등 폭넓은 분야에서 활약하고 있는 논픽션 작가이다. 옥스퍼드 대학에서 지질학을 공부한 뒤 저널리스트가 되었다. 이 책에는 지하에서 마그마가 생기는 과정이 아주 상세하게 설명되어 있으며, 판 구조론 등의 이론도 간간이 등장하므로 책을 읽으며 지질학에 대해서도 배울 수 있다.

에듀케이션(교육)과 엔터테인먼트(오락)를 한데 아우른 '에듀테인먼트'라는 단어가 있다. 이 책은 에듀테인먼트라는 단어에 딱 들어맞는 수작이라 하겠다.

Books
함께 읽으면 좋은 책들

플리니우스의 『자연사』를 일본 사람들은 『박물지』로 번역한다. 우리가 흔히 자연이라고 생각하는 동물, 식물, 기상, 지구, 우주에 관한 이야기뿐만 아니라 의학과 예술 등 플리니우스가 쓸모 있다고 생각한 모든 지식이 담겨져 있기 때문일 것이다.

현대의 모든 백과사전은 플리니우스의 『자연사』를 토대로 하였다고 해도 과언이 아니다. 그렇다면 『자연사』 역시 백과사전일까? 그렇지는 않다. 백과사전은 모든 지식을 철자에 따라 나열하지만 『자연사』는 모든 지식을 하나의 체계로 통합하였다. 플리니우스는 『자연사』를 집필하는 게 자신의 교양을 쌓는 일이라고 생각했다. 교양을 독일어로는 빌둥Bildung이라고 하는데, 이 말은 '구성한다'라는 말에서 나왔다.

"교양이란 무엇인가?"라는 질문에 독일의 영문학자 디트리히 슈바니츠는 자신의 책 『교양-사람이 알아야 할 모든 것』(2001, 들녘)의 2부에서 "교양이란 사회를 복잡한 개인의 내면에 비추어 보고, 또 그렇게 하여 사회를 결속시키는 도덕적 구속력을 내면에서 생성해 내는 개인적인 능력을 가리킨다. 교양은 문화사의 기본적인 특징을 파악하고 미술, 음악, 문학의 대표작을 이해하는 것이다. 교양은 유연하게 훈련된 정신의 상태이며, 모든 것을 한 번 알았다가 다시 잊었을 때부터 생겨나는 것이다. 교양은 문화적인 소양이 있는 사람들과의 대화에서 남의 눈에 어색하게 튀지 않는 능력이다. 교양은 직업 생활을 할 수 있는 전문가의 양성과는 반대로 보편적인 인격 형성을 핵심으로 한다. 따라서 교양은 지식과 능력의 총합이며 정신적인 상태다."라고 말했다.

플리니우스는 지중해 연안을 주유하면서 교양을 쌓았지만 우리는 책을 읽어서 교양을 쌓는다. 그런 점에서『책』(2003, 들녘),『주제-강유원 서평집』(2005, 뿌리와이파리)처럼 어떤 책을 읽어야 하는지를 알려 주는 책도 중요하지만, 도서평론가 이권우의『각주와 이크의 책읽기』(2003, 한국출판마케팅연구소)와『책읽기의 달인, 호모 부커스』(2008, 그린비)처럼 책을 왜 읽어야 하고 책을 어떻게 읽어야 하는지를 깨닫게 해 주는 책 역시 빼놓지 말아야 한다.

플리니우스의『자연사』는 우리말로 번역되지 않았다. 아마 앞으로도 우리말 번역본은 나오지 않을 것이다. 영어권에는 간단한 발췌 번역본만 있을 뿐이며, 독일에는 최근 19세기말 판본을 번역하여 1600쪽에 이르는 큰 장정의 책이 나왔다.

플리니우스의『자연사』와 같은 분위기의 책을 읽고 싶다면, 유럽에 전 세계의 꽃을 들여온 여덟 명의 식물 사냥꾼들이 벌이는 위험하고 자극적인 여행 이야기를 담은『식물 사냥꾼』(2004, 이룸)과 200년 전 조선의 박물학자였던 정약전의 해양생물 탐사를 현대적인 시각에서 다시 추적한 과학 교사 이태원의『현산어보를 찾아서』(2002, 청어람미디어)를 추천한다.

13
지구의 역사와 메커니즘을 설명하다
지질학 원리
The Principles of Geology

지질학을 당당한 과학의 한 분야로 확립한 라이엘

근대 지질학의 아버지로 불리는 찰스 라이엘Charles Lyell(1797~1875)은 스코틀랜드의 부유한 가정에서 10형제의 장남으로 태어났다. 유명한 식물학자였던 그의 아버지는 라이엘을 종종 야외로 데리고 나가 자연의 아름다움을 가르쳤다고 한다.

라이엘이 어린 시절을 보낸 뉴포레스트는 런던에서 전차로 한 시간 정도 거리에 있다. 영국에서 가장 최근에 가장 작은 국립공원으로 지정된 곳으로, 지역 주민들이 휴일에 여유 시간을 보내는 장소로 인기가 높다. 그처럼 평범하지만 아름다운 마을에서 라이엘은 자연을 연구하는 태도와 마음가짐을 하나하나 배워 나갔다.

열아홉 살 되던 1816년, 라이엘은 옥스퍼드 대학에 들어가 법률을 전공한다. 그러나 정작 법학보다는 윌리엄 버클랜드William Buckland(1784~1850) 교수가 개설한 지질학과 광물학 수업에 흥미를 보인다. 그러다가 마침내 본격적으로 지질학 공부를 시작한다.

버클랜드 교수는 성공회 신부를 겸한 지질학 교수로서 기독교 신학과 지질학의 조화를 꾀했다. 이즈음 라이엘은 유럽으로 첫 현장 조사 여행을 떠나는데, 당시 프러시아에서 근대 지리학의 선조라 불리던 알렉산더 폰 훔볼트Alexander von Humboldt(1769~1859)를 만나게 된다.

대학 졸업 후 라이엘은 변호사로 일하면서 영국 각지로 지질 조사를 하러 다닌다. 변호사 자격을 취득한 것은 수입 때문이 아니라 사회적으로 확고한 지위를 다지기 위함이었다. 그는 법률과 지질학에 다리를 걸치고는 지질학의 보급에 힘을 기울인다.

『지질학 원리』의 초판을 출간한 것은 33세가 되던 1830년의 일이다. 전3권을 모두 출간할 때까지는 꼬박 3년이 소요되었다. 34세에 킹스칼리지런던의 교수로 취임하고, 다음 해에는 자신의 지질학 강의 중 일부를 일반 시민에게 개방한다. 35세에는 런던 대학 학장의 딸과 결혼하는데, 학문에 깊은 식견을 가진 지적인 여성이었다고 한다. 그녀는 후일 라이엘이 책을 출판할 때 큰 도움을 주었다.

라이엘은 37세 때부터 2년 정도 런던지질학회의 회장을 역임하고 나중에도 또 한 번 회장직을 맡는다. 51세에 명예로운 기사 작위를 받고, 67세에는 영국과학진흥협회의 회장을 역임하며 준남작 작위까지 받는 등 영국에서 과학자가 누릴 수 있는 거의 모든 영예를 누린다.

72세 즈음, 건강에 심각한 문제가 생기나 지질 조사는 멈추지 않는다. 뼛속까지 현장파였기 때문이리라. 1875년 78세로 세상을 떠났으며, 유서 깊은 런던 웨스트민스터 사원에 유해가 안치되었다.

지구의 역사와 메커니즘을 설명한『지질학 원리』

『지질학 원리The Principles of Geology』는 지질학의 기본 원리를 기술한 책이다. 뉴턴의『프린키피아Principia』를 의식하여 제목에 '원리principle'라는 단어를 넣었다고 한다. 말하자면 라이엘은 지질학계의 뉴턴이 되고 싶었던 것이다.

『지질학 원리』는 당시 지질학계에 새롭게 등장한 동일과정설을 기초로 하여 지구의 역사와 메커니즘을 설명하고 있다. 지질학자 제임스 호튼James Hutton(1726~1797)이 제창한 동일과정설은 "현재는 과거의 비밀을 푸는 열쇠이며, 지상의 지학 현상은 시대를 초월해 동일한 자연법칙에 의거하여 일어난다."라는 내용이다. 거꾸로 말하면, 과거에 일어난 지질 작용은 현재 진행 중인 지질 작용과 동일하므로 과거의 현상을 정확히 파악하면 현재의 모습을 이해할 수 있다는 뜻이다.

이 무렵 지질학계에는 과거의 지리 현상은 현재와 전혀 다른 것이라는 설이 주류를 이루고 있었다. 지금과는 다른 거대한 분화나 대홍수가 과거에 있었다는 내용으로, 격변설catastrophism이라 한다. 성서에 나오는 '노아의 홍수'가 이에 해당된다. 그러나 호튼은 과거에 현재와 같은 종류, 같은 규모의 현상이 일어났다고 했다. 그는 자연은 변화하지만 급격하게 변하는 것이 아니라 천천히 변한다고 주장하며 격변설에 맞섰다. 그의 주장은 지질학계에 격렬한 논쟁을 불러일으켰다.

라이엘은 동일과정설의 기본 원리를 차용하여 그때까지 규명된 사실을 종합하고, 자연사의 일부였던 지질학을 과학의 한 분야로 확립시켰다. 즉 자연을 사랑했던 라이엘이 그저 취미로 하는 것이라 여겨졌던 지질학을, 또 제대로 된 이론도 없이 몇몇 이론에 기대어 겨우 명맥만 유지하고 있던 지질학을 처음으로 과학의 한 분야로 명확하게 세운 것이다. 만일 『지질학 원리』가 출간되지 않았다면 지질학이 학문으로 인정받기까지는 더 오랜 시간이 걸렸으리라 생각된다.

『지질학 원리』는 1400쪽에 달하는 대작으로 1830년부터 1833년에 걸쳐 모두 4권으로 출간되었다. 1권은 지질학의 정의 및 지질학사, 2권은 무생물계의 변화, 3권은 생물계의 변화, 4권은 지질시대의 다양한 변화를 다루고 있다. 특히 제3기층이라 불리는 수천만 년 전의 지층과 화산 지역에 대한 기술이 아주 상세하고 친절하기로 유명하다.

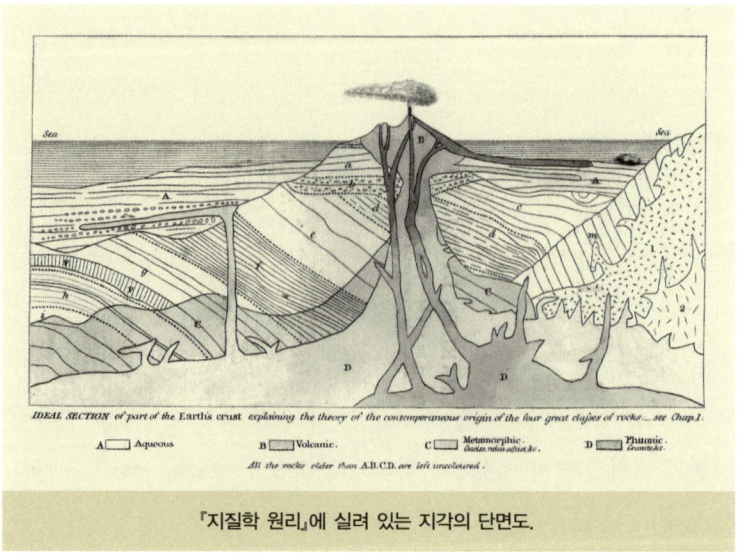

『지질학 원리』에 실려 있는 지각의 단면도.

이 책에서 라이엘은 화석을 연구하여 현생종과 절멸종의 비율로 신생대를 에오세, 마이오세, 플라이오세로 구분할 것을 제안했고, 이 분류는 오늘날에도 그대로 사용되고 있다.

라이엘, 관찰에도 이론화에도 열과 성을 다하다

『지질학 원리』 1권은 생각지도 못했는데 세간으로부터 큰 호평을 받았다. 전문서임에도 판매에서 상당한 호조를 보여 유럽뿐 아니라 북미와 오스트레일리아까지 널리 읽혔다. 이에 기분이 좋아진 라이엘은 2권을 단숨에 써 냈고, 3권의 집필과 더불어 1권 개정판의 출간을 고려한다. 라이엘이 41세 되던 1838년에는 『지질학 원리』의 4권만을 독립시켜 『지질학요론Elements of Geology』이라는 제목으로 별도 출간한다. 컴퓨터를 이용해 원고 작업을 하는 오늘날의 기준에 비춰 보아도 라이엘의 작업 속도는 가히 놀랄 만하다.

지질학에 관련된 새로운 지식을 얻으면, 라이엘은 책의 새로운 판이 나올 때 즉각 그 내용을 끼워 넣었다. 이를테면 초판에는 "지진에 의해 지면이 융기하거나 침강한다."라고 되어 있는 문장이 12판에 가면 "단층이 생길 때 지반이 움직이며 갈라진다."라고 고쳐져 있다. 오늘날의 표현으로 얘기하자면, 직하형 지진으로 단층이 생기는 것을 이렇게 쓴 것이다.

이처럼 라이엘은 아주 뛰어난 자연현상 관찰자였다. 게다가 꼼꼼하게 관찰한 내용을 기재하는 데 그치지 않고, 여기서 일반 법칙을 확립하는 데 열과 성을 다했다. 과학자의 기본 자질이라 할 수 있는 '관찰'과 '이론화' 능력을 갖춘 훌륭한 학자였던 것이다.

라이엘은 『지질학 원리』를 개정하면서 세계 각지를 순회했다. 유럽은 물론 북미 지역을 네 차례나 방문했는데, 그 여행에서 강한 인상을 받은 듯 『북아메리카 여행기Travels in North America』(1845)와 『두 번째 미국 방문A Second Visit to the United States of North America』(1849)을 출간했다. 지질학과 여행이라는 두 가지 즐거움을 마치 전문 여행 작가와도 같은 달필로 독자들에게 선사했다. 그는 지질학의 해머를 오른손에, 펜을 왼손에 쥐고 당시에 여행이 가능했던 모든 나라를 찾아가 그 지역 특유의 흥미로운 지질을 소개했다.

라이엘이 『지질학 원리』에서 세운 원리는 그 후에도 순조롭게 더 널리 알려졌다. 21세기의 지질학 연구도 그가 했던 방법과 동일하게 이루어지고 있으며, 지구에 남아 있는 실제들로부터 해독하는 수법은 그대로 행성이나 운석으로 남아 있는 실제에서 어떤 것을 읽어 내는 지구행성과학으로 화려하게 전개되었다. 현재 달과 화성에는 그의 이름을 따서 명명한 라이엘 크레이터라는 원형 화구가 있다.

라이엘과 다윈

열두 살이나 어린 다윈과 친구로 지낸 라이엘이 다윈에게 끼친 영향은 과학사에서 그냥 지나칠 수 없을 정도로 큰 것이었다.

다윈은 비글호 항해에 나서기 전, 그의 스승이었던 케임브리지 대학의 헨슬로 교수가 강력히 추천한 『지질학 원리』를 챙긴다. 그는 항해 중에 이 책을 몇 번이나 되풀이해서 읽었으며, 그가 진화론을 구축하기까지 이 책으로부터 큰 영향을 받는다.

라이엘이 39세가 되었을 때, 다윈은 길고 긴 항해를 마치고 영국에 무사히 귀국한다. 그 후로 두 사람은 빈번하게 교류를 가졌으며, 다윈이 『종의 기원』을 출간할 때 라이엘은 마치 자기 일처럼 그를 돕는다. 다윈 또한 라이엘의 작업을 높이 평가하여 『지질학 원리』의 내용을 『종의 기원』에서 상세히 소개했다.

그러나 다른 한편으로 진화론과 『지질학 원리』의 관계에 대해서는 상당히 미묘한 부분이 있는 것도 사실이다. 왜냐하면 당시 영국 국교회는 진화론이 성서의 기술과 모순된다는 이유로 위험 사상으로 간주했다. 라이엘은 주의 깊게 행동했다. 일단 진화론의 논리를 자신의 책 중심에 놓는 것은 교묘하게 피했다. 그러다가 『지질학 원리』 11판에 가서야 진화론에 기초한 학설을 가필한다. 그때까지도 학계에 큰 힘을 미쳤던 성직자들, 그리고 여론과 타협하는 가운데 상당히 신중을 기한 일이었다.

이러한 노력의 결과 『지질학 원리』는 지질학의 정통 서적으로서 반세기가 넘도록 많은 이들에게 지속적으로 읽혔고, 19세기 말에는 대학 교재로 채택되기도 했다.

라이엘은 그의 나이 66세 때 『고대 인류에 관한 지질학적 증거Geological Evidences of the Antiquity of Man』를 출간한다. 이 책에서 그는 인간이 긴 시간에 걸쳐 하등생물로부터 진화되었다고 말했다. 이 책은 4판에 걸쳐 증쇄된다. 자신의 이론이 다윈의 진화론과 연계가 있음을 만년이 되어서야 겨우 공표한 것이다.

라이엘의 과학 보급 전략

오늘날 『지질학의 원리』는 고전으로서 부동의 위치를 차지하고 있다. 이 책의 출판과 이후 라이엘의 생애에 관해 과학 교육 및 과학 발전의 관점에서 고찰해 보겠다.

라이엘은 학자로서는 드물게 필력이 상당히 좋아 꾸준히 책을 내며 정력적으로 지질학 보급에 힘썼다. 그의 행동 뒤에는 일종의 전략이라고도 할 만큼 확고한 생각이 자리하고 있었고, 그것은 지금도 참고할 만한 구석이 적지 않다.

『지질학 원리』를 라이엘은 일부 전문가를 위한 책으로 쓰지 않았다. 그는 좀 더 넓은 범위의 일반 독자들이 이 책을 읽기를 바랐다. 당시로서는 최신의 학문인 지질학이 단지 과학의 한 분야로 인정되는 것에 그치지 않고 좀 더 대중적으로 보급될 것을 노린 것이다. 19세기에 이와 같은 관점으로 책을 집필했다는 것 자체가 시대를 한 발 앞선 새로운 시도였다고 볼 수 있다.

그 증거로 그는 『지질학 원리』를 어떤 출판사에서 낼지 다양한 방향에서 고민했다. 그 결과 보수적인 존머리John Murray 출판사에서 책을 출간했고, 이를 통해 지적인 상류층에 속하는 시민들의 이해를 얻어 내고자 했다. 그 이유는 지식인들 가운데 19세기에 급속하게 발전한 지질학이 기독교와 성서에 반하는 것이라는 생각을 가진 사람이 적지 않았기 때문이다. 라이엘은 그들의 반발을 사지 않기 위해 내용의 기술뿐 아니라 책의 외형에도 주의를 기울였으며, 언제나 신사의 품위에 걸맞은 격조 높은 언어를 사용했다. 그리고 마침내 보수적인 잡지가 라이엘의 책에 대해 "심원한 과학에 대한 설명을 이처럼 읽기 쉽게 쓴 저작은 지금까지 거의 없었으며 앞으로도 없을 것이다."라고 호의적인 서평을 싣도록 하는 데 성공했다. 그는 시민에게 과학의 진리를 전파하는 활동을 매우 중요하게 생각했던 것이다.

라이엘의 책들은 그의 뒤를 이은 과학자들이 좋은 책을 쓰는 데 교본이 되었다. 뿐만 아니라 라이엘은 강의도 매우 잘했다. 지질학 전문가로서 라이엘은 현장 조사, 읽기 쉬운 책의 집필, 재미있는 강의와 강연 등 거의 모든 면에서 완벽한 재능을 보였다.

과학자로서 탁월한 족적을 남겼을 뿐 아니라 19세기에 이미 과학 보급 전략을 갖고 있었던 라이엘은 현대의 우리들이 보고 배워야 할 것이 아주 많은 과학자이다.

찰스 라이엘.(그림, 데이비드 옥타비우스 힐)

『지질학 원리』 중에서

– 지구의 과거 상태와 당시에 살고 있던 생물들을 연구함으로써 우리는 지구의 여러 현상에 대해 좀 더 완전한 지식을 얻을 수 있으며, 지구의 생물과 무생물을 지배하고 있는 법칙에 대해서도 좀 더 포괄적인 시각을 얻을 수 있다. 이는 역사를 공부하면 현재와 과거 사회의 형편을 비교하고, 나아가 인간에 대해 좀 더 심도 있는 지식을 얻을 수 있는 것과 같다.

– 지질학은 자연과학의 거의 모든 분야와 밀접한 관계에 있다. 이는 역사가 도덕과 깊은 관련이 있는 것과 같은 이치이다. 역사학자는 윤리, 정치, 법률, 군사, 신학 등 한마디로 지식 전반에 정통하지 않으면 안 된다. 그래야 인간 활동 또는 인간의 도덕이나 지식의 성질에 대한 통찰이 가능한 까닭이다. 지질학자가 화학, 자연철학, 광물학, 동물학, 비교해부학, 식물학 등등 한마디로 무기계와 유기계를 아울러 과학 전 분야를 꿰뚫고 있지 않으면 안 되는 것도 이와 같은 이치이다. 그러므로 지식을 얻기 위해 역사가나 지질학자는 다양한 증거들로부터 과거가 이야기하는 것에 귀를 기울이고, 반드시 바르고 현명한 결론을 도출해 내야 할 것이다.

Column

『만물의 척도』
— 켄 애들러 지음

 18세기 계몽주의가 성행하던 프랑스에서는 역사에 길이 남을 프로젝트가 진행되었다. 지면을 정확하게 계측하여 길이를 재는 공통의 척도인 '미터'를 결정하기로 한 것이다.
 북극에서 적도까지 거리의 1000만분의 1을 1미터로 정의하고, 이를 실측하기 위해 프랑스의 최고 학자들이 나섰다. 그들의 측량 작업은 땅바닥을 샅샅이 훑는 수준으로 매우 치밀했다. 무려 7년에 이르는, 필설로는 다하지 못할 고생 끝에 그 결과를 학계에 보고했다. 그러나 여기에는 중대한 의혹이 숨어 있었다. 어찌된 일인지 측정 결과들 중에 날조된 데이터가 섞여 버린 것이다. 거짓 데이터를 발견한 과학자는 깊이 고민한 끝에 이 위조를 교묘하게 위장하기로 한다. 설령 진실을 왜곡한다 해도 미터법을 창설하는 것이 사회적으로 더 중대하다고 판단했기 때문이다. 그렇게 하지 않으면 사회의 계몽이 중간에 좌절될 거라 생각했다.
 "미터법의 제창자도, 반대자도 알아서 좋을 게 없는 것이 하나 있다. 그것은 미터법의 핵심에 숨겨진 오류가 있다는 것이다. 이 오류는 미터법이 정식으로 공식화된 이후 이를 수정할 때에도 정정되지 않고 그대로 유지되어 왔다."

이러한 개찬改竄(문서나 자료 등을 고의로 고치거나 오류를 숨김-옮긴이)이 생긴 이유는 측량 작업이 너무도 고생스러웠다는 데 있다. 무려 수천 킬로미터를 측량함에 있어 오차가 생기는 것이 기실 당연한 일이었건만, 당시의 과학자들은 이를 인정하기가 어려웠다. 즉 측정에 오차가 있다는 사실이 너무도 괴로웠던 학자가 결국은 위조라는 방식으로 손을 더럽히고 만 것이다.

과학적인 측정이나 실험에서도 오차가 생길 수 있다는 것은 오늘날에는 거의 상식으로 받아들여지고 있다. 과학은 진리를 추구하는 학문이지만, 그렇다고 해도 결코 만능은 아니기 때문이다. 그것을 잊었을 때 예나 지금이나 데이터의 위조라고 하는 악마가 얼굴을 드러낸다.

"과학을 이해하지 못하는 대중은 메솅이 데이터를 속였다는 사실이나 동료에게 거짓말을 했다는 등의 진실을 굳이 알아야 할 필요가 없다. 미터 값의 정확성에 대해 의문을 품고 있는 학자는 이미 세상에 널리고 널렸다. 이 이상 미터법에 맞서는 적을 늘여서는 안 된다. 그 때문에 들랑브르는 자오선 측량 여행 기록의 원본을 천문대 서고에 숨겨 버리고, 한편으로 그 내용은 모두 『미터법의 기원』에 쓰여 있다고 선언해 버리기에 이른다."

켄 애들러Ken Alder가 생동감 넘치는 필치로 써 내린 이 책 『만물의 척도The Measure of All Things』(2003)는 지적 호기심을 만족시키는 데서 한발 더 나아가 과학과 사회의 관계에 대한 시사점을 던져 준다. 또 이 책은 논픽션이지만, 추리소설에도 지지 않을 만큼 흥미진진하다.

Books
함께 읽으면 좋은 책들

찰스 라이엘의 『지질학 원리』는 바다, 땅, 지층이 지구 생성 초기에 있었던 거대한 화산 활동 이후에 전혀 변하지 않고 처음 만들어지던 때의 모습 그대로 남아 있다는 가정을 뒤흔들어 버렸다. 지금도 지구는 우리가 느끼지 못하는 매우 느린 속도로 변화하고 있다는 것이 이 책의 핵심이다. 이러한 변화가 일어나기 위해서 지구의 나이가 무지 많아야 한다는 것은 불문가지. 따라서 라이엘이 없었으면 찰스 다윈의 『종의 기원』도 나오지 못했을 것이다. 라이엘은 다윈보다 열두 살이 많았지만 둘은 절친한 친구였다.

이렇게 중요한 책이지만, 정작 일반 독자들이 원전을 접하기는 쉽지 않다. 가장 큰 이유는 지질학의 획기적인 발전 때문이다. 『지질학 원리』의 원문을 일부라도 접하고 싶다면 다빈치에서 파인만에 이르는 102명의 지식 생산자들이 쓴 원전 가운데 핵심 부분을 모아 놓은 『지식의 원전』(2004, 바다출판사)을 봐야 한다.

교양도서를 추천하기 위해서는 기준이 되는 책이 필요하다. 그런데 지질학은 워낙 저자가 부족한 분야이다 보니까 기준을 잡기가 쉽지 않다. 우리나라에서 지질학 교양도서를 쓰는 사람은 남극 세종기지 소장을 지낸 장순근 박사가 거의 유일하다고 할 수 있다. 그의 책 『땅속에서 과학이 숨 쉰다』(2007, 가람기획)를 기준으로 삼아 보자. 지형, 암석, 광석, 지질 답사 등 지질학의 주제를 전반적으로 골고루 다루고 있는 이 책은 재미있는 이야기 형식을 취하고 있음에도 내용 중에 등장하는 낯선 전문용어 때문에 꽤 어렵게 다가온다.

만약 이 책을 소화한 독자라면 지질학 개론서인 『생동하는 지구』(2003, 시그마북스)에 과감히 도전해 보는 것도 괜찮을 것 같다. 친절한 도표와 상자 기사가 많아서 비전공자도 지루하지 않게 읽을 수 있다. 단, 대학교 1학년 학생이 한 학기 동안 배우는 내용이니만큼 시간은 좀 걸린다.

『땅속에서 과학이 숨 쉰다』를 소화하지 못한다면, 초등학생과 중학생을 위한 지질학 책으로 시작하는 게 좋다. 『초등학생이 읽는 지질학의 첫걸음』(2006, 사계절)을 강력히 추천한다. 이 책은 장순근 박사가 프랑스어로 된 책을 번역한 것이다. 책에 따르면 우주는 바위로 되어 있다고 한다. (이것은 초등학생들의 이해를 돕기 위한 것일 뿐, 사실 우주는 대부분 기체로 되어 있다. 암석은 행성에만 있다.) 바위를 이루는 다양한 광물과 결정을 설명한 뒤에 퇴적암, 화성암, 변성암 등 암석들의 생성 과정과 성질을 알려 준다. 늑대를 화자로 한 이야기체 문장과 일러스트 또한 뛰어나다.

여행을 하면서 우리나라 지질을 관찰할 수는 없을까? 꼭 망치를 가지고 다니면서 발굴을 하지 않고 말 그대로 가족과 함께 여행하면서 말이다. 보통 사람의 눈에는 그냥 돌덩어리지만 지질학자의 눈에는 다 자연유산으로 보인다. 지구과학 교사 출신의 과학 저술가가 쓴 『손영운의 우리 땅 과학 답사기』(2009, 살림출판사)가 딱 그런 책이다. 손영운은 시멘트 공장이 많은 영월이 옛날에는 바다였다고 설명한다. 시멘트의 원료인 석회암은 조개와 산호 같은 바다 생물에서 온 것이기 때문이다. 지질학의 이야기는 청령포에 얽힌 단종의 슬픈 역사로 이어지더니, 표지판 옆에 있는 암석에서 5억 년 전에 살았던 스트로마톨라이트의 화석을 발견하는 식으로 지리에서부터 지질과 역사를 아우르고 있다. 청소년도, 일반 성인도 재미있게 읽을 수 있는 책이다.

지질학은 고생물학과도 밀접한 관련이 있다. 장순근 박사가 쓰고 번역한 책들도 대부분 고생물학 관련 내용을 담고 있다. 그런데 한국고생물학회에서 활동하는 학자는 고작 61명(2009년 기준)에 불과하고, 고생물학을 연구하는 정부출연 연구기관은 한국지질자원연구원밖에 없다. 학자가 없으니 나올 책도 없다.

초등학생이라면 역시 장순근 박사가 쓴 『화석 탐정』(2006, 봄나무)이 좋다. 추리극의 형식을 빌려, 화석에서 시작하여 뼈의 주인이 누구였는지를 밝힌다. 어투는 딱 초등학교 저학년 대상이지만 고학년도 재미있게 볼 수 있다.

번역서 가운데 『35억 년, 지구 생명체의 역사』(2010, 예담)는 세밀화로 고생물을 재현한 화려한 테이블 북이다. 생물 분류에 관심이 있는 사람에게는 딱 맞는 책이다.

14
그린란드의 빙산에서 대륙이동설을 떠올리다
대륙과 대양의 기원
Die Entstehung der Kontinente und Ozeane

미개척지 그린란드에서 빙하를 관찰한 베게너

알프레트 베게너Alfred Wegener(1880~1930)는 독일의 기상학자이자 지구물리학자이다. 그의 아버지는 철학 박사 학위가 있는 목사였으며 교육열이 높았다. 그의 형인 커트도 훗날 자연과학자가 된다.

젊은 날 베게너가 흥미를 가진 분야는 오로지 천체와 기상뿐이었다. 그는 베를린 대학과 하이델베르크 대학에서 천문학과 기상학을 공부한 뒤 형이 일하고 있던 항공연구소에서 조수로 일한다. 이 무렵 형과 공동으로 고층기상 관측 연구를 하면서 기구를 타고 최장 체공한 기록을 세우기도 한다.

그러는 사이 그에게는 대기의 물리적인 구조와 성질을 밝히는 연구보다도 미개척지를 직접 탐험하고 싶다는 욕구가 마음속 깊은 곳에서부터 싹을 틔운다. 모험을 좋아한 베게너에게 드디어 기회가 왔다. 26세가 되던 1906년, 그는 덴마크 탐험대에 참가하여 그린란드 탐사에 나선다.

베게너는 그린란드에서 얼음이 갈라지면서 빙산이 떨어져 나가는 모습을 가까이에서 관찰하고 연구한다. 이때 쌓은 연구 성과로 그는 독일 마르부르크 대학에 강사로 초빙되고, 1911년에는 『대기의 열역학Thermodynamik der Atmosphäre』을 출간한다. 순조롭게 학자의 길을 밟아 가던 베게너는 이즈음 당대 최고의 교수 블라디미르 페터 쾨펜 Wladimir Peter Köppen(1846~1940)을 만나게 된다. 그는 쾨펜의 총애는 물론이고 그의 딸과의 결혼 승낙까지 받는다.

1912년에 또 한 번 그린란드로 향한 베게너는 그린란드 횡단이라는

1930년 그린란드 탐사 때의 알프레트 베게너.

역사에 남을 쾌거를 달성한다. 또 같은 해에 "대륙은 움직인다."라며 대륙이동설을 제창한다.

1914년 제1차 세계대전이 시작되자 베게너는 군에 입대하지만, 유탄에 머리를 다치는 사고를 입어 일선에서 퇴역한다. 대신 전쟁이 끝날 때까지 군에서 기상 관련 일을 하게 된다. 바로 이 시기에 대륙이동설에 관한 자료를 수집하고 심도 있는 고찰을 한 듯하다. 1차 대전이 한창이던 1915년, 베게너는 『대륙과 대양의 기원Die Entstehung der Kontinente und Ozeane』을 출간하여 학계에 큰 논쟁을 불러일으킨다. 그의 나이 35세 때였다.

1919년에는 함부르크에 위치한 해양관측소에서 기상부장으로 일하면서 은사 쾨펜의 고층기상 연구 성과를 새롭게 추가하여 『대륙과 대양의 기원』 2판을 출간한다.

그의 나이 44세에는 오스트리아로 이주한다. 그러고는 다시 한 번 그린란드 탐사에 나선다. 50세 직전에는 탐사대의 대장이 되어 빙하의 두께가 180미터에 달한다는 사실을 확인하기에 이른다. 그러나 안타깝게도 베게너는 만 50세 생일에 기지를 나선 뒤 두 번 다시 돌아오지 못할 사람이 되었다.

지구에 하나의 판게아가 있었다

세계 지도를 아이의 마음으로 순수하게 한번 바라보자. 지구를 이루고 있는 다양한 것들이 눈에 들어올 것이다. 먼저 브라질 동부의 불쑥 튀어나온 부분이 콩고 서부의 쑥 들어간 부분과 맞물리는 것을 볼 수 있다. 같은 이치로 남아메리카 동부와 아프리카 서해안도 직소 퍼즐 Jigsaw puzzle처럼 딱 들어맞는다.

베게너는 이와 같이 모두의 눈에 보이는 당연한 사실에 의문을 품었다. 그리고 다양한 조사를 실시한 결과, 대서양을 사이에 두고 마주 보고 있는 대륙들을 깔끔하게 하나로 붙일 수 있다는 사실뿐 아니라 미국에 있는 애팔래치아 산맥의 지층이 바다 건너 영국, 노르웨이와 연속성을 갖고 있다는 것을 발견한다. 유럽과 아메리카 대륙에서 발굴되는 1억 8000만 년 이상 된 옛 화석들 사이에는 유사점이 많고, 그 시대 이후의 화석들은 두 대륙 간에 큰 차이가 있다는 사실도 발견한다. 즉 1억 8000만 년 전을 경계로 지구에 무언가 엄청난 일이 벌어졌다는 사실을 깨닫게 된 것이다. 베게너는 "우리들이 지도로 보고 있는 이 대륙들은 과거에 거대한 하나의 초대륙이었으나 지금처럼 각각 분리되어 이동한 것이 아닐까?"라고 생각했다. 1912년의 일이다.

베게너는 자신이 공상으로 만들어 낸 초대륙에 판게아Pangea라는 이름을 붙였다. 그리고 1915년, 대륙이 이합집산한다는 전대미문의 학설을 『대륙과 대양의 기원』이라는 231쪽짜리 책으로 펴냈다.

제2차 세계대전과 대륙이동설의 증거

과거 많은 지구과학자들은 각 대륙이 서로 수천 킬로미터나 떨어져 있음에도 불구하고 지층이나 화석에서 유사점이 많은 이유를 설명하기 위해, 옛날에는 대륙들을 묶어 주던 아주 가늘고 긴 육지가 있었을 거라고 추정했다. 대서양에 길고 큰 다리가 있었다는 이 설을 가리켜

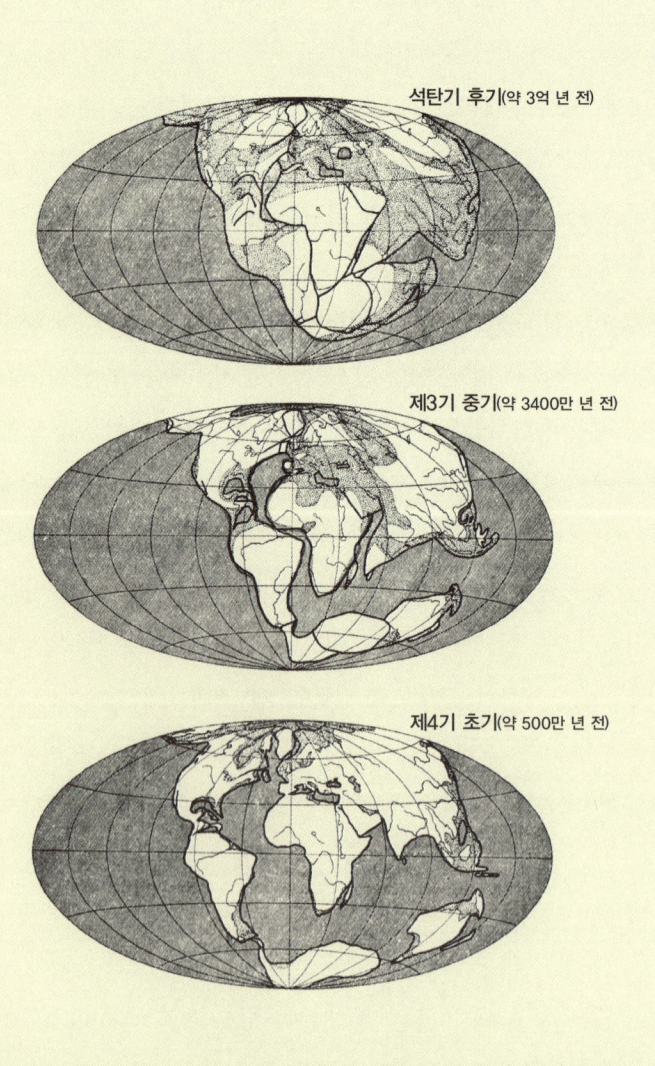

대륙이동설에 따른 지도의 재구성. 깊은 바다는 음영으로, 얕은 바다는 점으로, 현재의 외곽선과 강은 실선으로 표시했으며 위도선은 현재의 아프리카를 기준으로 임의로 그린 것이다.

'육교설'이라 한다. 그러나 베게너는 현재의 대륙들은 오래전에 거대한 하나의 대륙에서 떨어져 나왔기 때문에 여러 종에서 유사점이 발견되는 것이라고 간단하게 설명했다. 나아가 그는 대륙이 분리될 때 대륙은 바다 위를 천천히 미끄러지듯 이동할 것이라고 상상했다.

오늘날에는 대륙은 대륙지각이라는 가벼운 물질로 이루어져 있으며, 이는 바닷속의 무거운 해양지각과는 다르다는 사실이 널리 알려져 있다. 지구 표면의 7할을 차지하는 해양 위에 3할을 차지하는 대륙이 떠 있는 모습을 상상하면 된다.

그러나 당시 최고 위치에 있던 과학자들은, 동양과 서양을 막론하고, 절대 움직이지 않는다고 여겨 왔던 대륙이 마치 빙산처럼 떠돌아다닌다는 주장을 결코 받아들일 수 없었다. 베게너의 주장은 시대를 앞서도 지나치게 앞선 것이었다. 그 때문에 그는 과학자들의 무리에서 서서히 고립되어 간다. 베게너가 주장한 "대륙은 이동"한다는 것의 의미를 제대로 이해하기 위해서는 수천만 년이라는 지질학적 시간을 고려하지 않으면 안 된다. 대륙을 형성하고 있는 암석도 오랜 시간이 흐르면 형태가 바뀌고, 결국 떠내려갈 수도 있다.

베게너는 대륙이 움직인다는 지질학적 증거를 이후에도 다양하게 제시했으나, 대륙이동설을 인정받기에는 역부족이었다. 그 이유는 정작 그 자신도 대륙을 움직이는 원동력을 제대로 알지 못했기 때문이다. 많은 학자들이 반대 의견을 냈고, 그 때문에 이 획기적인 주장은 50년간 지구과학계에서 자취를 감추고 만다.

이런 형세를 뒤집은 것은 과학자가 아니라 전쟁이었다. 제2차 세계대전 때 미군이 개발한 음파탐지장치(소나sonar)에 의해 대서양의 해저

지형이 밝혀졌다. 대서양 해저에 줄줄이 이어져 있는 산맥, 즉 해령海嶺을 따라 수천 킬로미터에 이르는 먼 거리에 걸쳐 특별한 지진이 발생했다. 그런데 이 지진대와 일치하는 해령에서는 무슨 이유에서인지 용암이 끊이지 않고 분출되면서 해령의 폭이 동서로 점점 넓어지는 것이었다. 실제로 해저에서 분출된 용암이 이 해령에서 멀리 떨어져 있는 것일수록 더 오래된 것으로 판명되었다. 이는 베게너의 학설로도 설명이 가능하다. 즉 해령의 화산 활동과 지진 활동이 대륙을 분리하여 이동하게 만드는 원동력 중 하나인 것이다. 이러한 관측 사실에 의해 역사의 뒤편으로 사라졌던 학설은 오래지 않아 '해양저확대설'이라는 이름으로 과학자들의 지지를 받게 된다.

그 뒤에도 화산섬인 하와이 제도의 분화연대, 해저에 기록된 지자기 등 새로운 사실들이 연이어 발견되면서 베게너의 가설을 속속 입증했다. 해령의 화산에서 만들어진 새로운 해저가 두터운 암석판으로 확대되어 대서양을 탄생시킨 것이다. 나아가 대서양이 2억 3000만 년 전에 만들어졌다는 사실도 밝혀졌다. 여기까지 와서야 겨우 베게너의 대륙이동설이 되살아났다. 훗날 '판 구조론'이라 불리게 된 이론에 의해 지진과 화산이 일어나는 이유와 히말라야 등의 거대 산맥이 생긴 이유를 비롯해 지구 표면에서 일어나는 여러 현상에 대한 해명의 실마리가 마련되어 지구과학계에 일대 혁명이 시작되었다.

시대를 앞선 베게너의 창조적 발상이 별개의 새로운 사실에 의해 결실을 맺은 순간이었다. 오늘날에는 GPS(위성항법장치)를 이용해 매년 겨우 몇 센티미터 움직이는 대륙의 이동까지도 직접 측정하고 있다.

극지 실태 조사를 위해 그린란드를 횡단하다

베게너에게는 과학자 말고 또 하나의 얼굴이 있다. 바로 뛰어난 탐험가로서의 얼굴이다. 그는 26세 때 기구를 타고 아주 오랫동안 하늘에 떠 있음으로써 세계 기록을 갈아치웠다. 그가 세운 52시간이라는 체공 기록은 그때까지 최고 기록이었던 35시간을 크게 상회하는 것으로, 사람들을 깜짝 놀라게 했다. 다음으로는 기구를 타고 그린란드 상층 대기를 2년 가까이 조사했다. 이와 같은 극지 실태 조사는 베게너가 지구 최초였다. 무엇보다도 그가 탐험가로서 재능을 발휘한 것은 32세 때 1년여 동안 그린란드를 횡단한 일로, 극지 탐험의 역사에 길이 남을 쾌거였다. 그는 그린란드 탐사 때 빙하가 분리되는 모습을 보며 대륙이동설을 처음 떠올렸다고 한다.

베게너는 누군가가 자기의 주장에 대해 반론을 펼 때마다 새로운 자료와 논의를 『대륙과 대양의 기원』에 가필했다. 그가 그린란드에서 실종되기 전까지 제4판이 출간되었다는 것도 그가 대륙이동설을 세상에 알리고자 얼마나 노력했는지 알 수 있는 대목이다.

이와 같은 집념 덕에 반세기 후에 대륙이동설이 극적으로 부활했다고 봐도 좋을 것이다. 베게너는 죽음 이후에도 지구과학에서 크나큰 변화를 이끌어 냈다.

"머릿속으로 생각만 해서는 과학에서 성공할 수 없다"

베게너가 지구를 보는 기존의 견해를 뒤집고 위대한 발상의 전환을 이뤄 냈다는 것은 두말할 필요도 없는 사실이다. 그러나 20세기 초, 베게너가 대륙이동설을 제창하기 전에도 서로 떨어져 있는 대륙이 옛날에는 붙어 있던 것이 아닌가 하는 고생물학상의 가설이 있었다. 무엇보다도 유럽에 사는 사람들은 대서양이 한가운데에 놓여 있는 세계 지도를 사용했다. 슬쩍 보면 어쩐지 직소 퍼즐 같다는 생각을 한 사람도 적지 않았을 것이다. 그러나 이를 대륙이동설이라는 학설로 발전시킨 사람은 베게너뿐이다.

왜 이런 차이가 생긴 것일까. 머릿속으로 생각만 해서는 과학에서 성공할 수 없다. 머릿속에 떠오른 생각을 과학으로 확립하기 위해 필요한 가설 설정과 실증 과정을 베게너는 제대로 밟아 나갔다. 사람들을 납득시킬 수 있는 이론을 만들어 발표하고 다양한 각도에서 사실을 검증해 나간 것이다.

그러나 많은 창조적인 과학자들이 부딪쳤던 것과 똑같은 벽이 베게너의 앞을 가로막았다. 그때까지 얻은 사실들만으로는 그가 세운 가설을 충분히 입증할 수 없었던 것이다. 그럼에도 불구하고 베게너는 실종되기 직전까지 반대 의견을 가진 이들과의 논쟁을 멈추지 않았다. 그의 주장이 사실로 입증되기까지는 관련 분야의 발전과 더불어 증거가 될 수 있는 방대한 사실들이 축적되기를 기다려야만 했다.

베게너는 결국 '판 운동'의 원동력을 찾아내지 못한 채 그린란드에서 객사하고 말았지만, 현실의 벽에 굴하지 않고 끝까지 자신의 연구 모델을 전개시킨 그의 굳은 의지에는 또 한 번 감동하지 않을 수 없다. 확정할 수 없는 부분은 일단 차치하고 손에 넣을 수 있는 사실들에 기초하여 최대한 자신의 연구 모델을 강화하는 전략. 이 방법만이 선구적인 과학자가 성공에 이르는 길이 아닐까 한다.

『대륙과 대양의 기원』 중에서

　– 대서양 양쪽 대륙의 지질 구조를 비교해 보면, 그 양쪽 기슭이 완전히 혹은 거의 붙어 있었고 그 사이에 생긴 거대한 균열이 대서양이라는 대륙이동설에 대한 분명한 증거를 얻을 수 있다. 대서양의 양안에 그 균열이 나타나기 전에 생긴 많은 습곡과 그 외의 구조가 일치하고, 그 사건이 일어나기 전의 상태를 만들어 보면 대서양을 사이에 두고 양측의 단면이 거의 완벽하게 일치한다. 대륙 연변부에 확실한 윤곽이 존재하기 때문에 거의 원래 상태를 복원할 수 있어 뭐라 눈속임을 할 필요가 없다. 이는 대륙이동설이 옳다는 것을 증명하는 독립적인 사실이 될 수 있다.

Column

『지구 시스템의 붕괴』
— 마츠이 다카노리 지음

마츠이 다카노리松井孝典는 지구물리학을 기본으로 태양계 등 우주에 존재하는 행성들을 비교 연구하고 있다. 이 책『지구 시스템의 붕괴地球システムの崩壊』(2007)는 비교행성학이라는 새로운 관점에서 우리들이 지구에서 인간 중심적으로 살아가는 것이 얼마나 위험한지 강하게 웅변한다.

우리는 이상기후, 지진, 지구온난화, 에너지 자원의 고갈 등 지구의 현재 상황에 무관심해서는 안 된다. 그러나 수학이나 물리를 공부하듯 지구라는 개념에 접근하려 들면 반드시 벽에 부딪히고 만다. 그 이유는 지구과학은 다른 분야와는 달리 '시스템'으로서 이해하지 않으면 안 되기 때문이다. 그러면 시스템이란 과연 무엇일까? 이 책에는 "복수의 구성 요소가 각각 상호 작용을 하는 것을 일컫는다."라고 정의되어 있다.

여기서 잠시 한 평론가가 이 책을 읽고 정리한 것을 토대로 지구를 이해할 때 중요한 몇 가지 개념을 소개해 보겠다.

1. 과학의 전체론holism— '개별'이 아닌 '전체'를 시스템으로 파악한다. 약 400년 전 데카르트는 연구 대상을 세분화하여 분

석하는 방법을 제안했다. 그것은 '요소 환원주의'라 불리며 현대 과학에 비약적인 발전을 가져왔다. 그러나 지구 환경문제 등의 글로벌한 과제는 요소 환원주의로는 해결할 수 없기에 결국 과학도 문제에 부닥치고 만다. "단순히 다양한 구성요소를 모은다고 해서 전체를 표현할 수 있는 것은 아니"기 때문이다. 지구를 넓게 바라보는 시점, 즉 과학의 전체론이 중요하다.

2. 멀리 내다보는 눈—지구는 "우주의 나이 137억 년, 지구의 나이 46억 년, 생명체가 출현한 이래 38억 년이라는 스케일"에서 파악하지 않으면 안 된다. 즉 일상의 시간 감각을 뛰어넘는 긴 안목이 필요하다.

3. 역사의 비가역성—지구의 역사는 결코 거꾸로 거슬러 올라갈 수 없다. 물리나 화학이 재현 가능한 세계를 취급하고 있는 것과 달리 지구에서 일어나는 현상은 절대 되돌릴 수 없다. 그럼에도 불구하고 엄청난 수의 우연들이 중첩되어 인류를 포함해 포유류가 살아갈 수 있는 환경이 생각지도 못하게 출현했다. "직경 10킬로미터의 거대 운석이 초속 20킬로미터가 넘는 속도로 지구에 충돌"한 것이 방아쇠가 되어 공룡이 전멸했다. 그리고 그 덕에 우리들이 지금 살아 있다.

4. 현장주의—지구과학에서는 사실을 제대로 확인하기 위해 땅 끝까지라도 가야 한다. 화산학을 하고 있는 내가 화산 활동을 보기 위해 이탈리아까지 날아가는 것처럼 마츠이 다카노리는 운석을 확인하기 위해 멕시코의 오지로 발걸음을 옮긴다. 이

런 것이 바로 현장주의다.

지적 호기심을 충족해 나가며, 다른 사람이라면 고개를 절레 절레 흔들 만치 '변경의 보편을 탐구'(『지구 시스템의 붕괴』의 2부 제목)하는 작업을 계속해 온 덕에 보편타당한 과학이 탄생한 것이다.

5. 경외심 — 지금처럼 수십 년씩 상업주의가 사회 곳곳을 침식해 버리면 인간은 그 자신의 작고 비천함을 잊어버리고 "자연에 도전한다." 따위의 낡은 선언을 당연시하게 될 것이다. 세계화에 편승하여 자연을 멋대로 좌지우지하고 싶어 하는 교만하고 혈기 넘치는 사람들에게 경외감을 심어 주고 싶다.

이 다섯 가지 시점에서 현대 문명의 미래에 의문을 품는 것이 우리들의 사명이며 세상의 많은 사람들이 알아주었으면 하는 제1테마이기도 하다. 그리고 이 책의 띠지 문구가 경고하는 것처럼 "지금 이대로라면 인류의 100년 후는 없다." 지구를 진정으로 걱정하는 과학자들이라면 누구나 품고 있는 마음이리라.

Column
함께 읽으면 좋은 책들

세계 지도에서 아메리카와 아프리카 대륙의 외곽선을 보면 예전에는 두 대륙이 하나였을 것이라는 생각이 든다. 이것이 직관이다. 많은 사람들이 자신의 직관을 믿지만, 그 직관을 바탕으로 새로운 이론을 편다는 것은 일종의 모험이다.

알베르트 아인슈타인은 1955년 세상을 뜨기 전에 마지막으로 『움직이는 지각The Earth's Shifting Crust』(1958)이라는 책의 서문을 썼다. 이 책의 저자인 찰스 햅굿은 대륙이 움직이고 있다는 사실을 단호히 부정했다. 아인슈타인도 그와 같은 입장이었다.

우리나라에 베게너, 판 구조론, 판게아 등을 다룬 대중 교양서는 없다. 판 구조론 등에 대해 관심이 있다면 지질학 개론서인 『생동하는 지구』(2003, 시그마북스) 또는 중·고등학교 과학 교과서를 봐야 한다. 초등학생이나 중학생이라면 '과학자들이 들려주는 과학이야기' 시리즈의 『윌슨이 들려주는 판 구조론 이야기』와 『베게너가 들려주는 대륙 이동 이야기』(2005, 자음과모음)를 읽어도 좋을 것이다.

알프레트 베게너의 모험적인 삶과 판 구조론의 등장에 얽힌 과학사는 빌 브라이슨의 『거의 모든 것의 역사』(2003, 까치) 제12장 '움직이는 지구'에서 찾아볼 수 있다.

대륙과 해양의 경계에 서 있는 대한민국에 이 분야의 책이 거의 없다는 것은 무척 아쉬운 일이다.

―― 닫는 글 ――

과학책 속 과학자의 청춘

 세계를 움직인 과학자들의 명저 열네 권을 엄선하여 이 책에서 다루어 보았다. 그 과학자들 중 다수가 살았던 19세기에서 20세기 초엽은 가치관이 크게 변화했던 시기로, 과학도 그 예에서 벗어나지 않고 기존의 가치관을 기꺼이 무너뜨렸다. 이때 과학의 선구자들은 엄청난 노력을 했다. 새로운 과학을 만드는 본래의 일, 즉 새로운 학설과 개념을 세상에 내놓는 일 말고도 기존의 사회적 권위와 압력에 맞서 새로운 과학 이론을 전파하지 않으면 안 됐다. 창조력을 발휘하려면 전혀 별개의 또 다른 능력이 필요했던 것이다.
 여기서 소개한 열네 권의 과학책들은 하나같이 그 과학자들이 소비한 에너지가 보통이 아니었음을 웅변하는 이야기들이다. 동시에 이처럼 혁명적인 과학자들에게는, 다윈의 곁에서 그를 도우며 지지해 준 헉슬리와 같이 그들을 지탱해 준 훌륭한 조력자가 주위에 있었다는 것을 잊어서는 안 되겠다. 나는 이 책을 쓰면서 과학의 선구자와 함께 시대를 개척했던 벗들의 뜨거운 마음과 그 일화를 종종 다루었다. 과학 분야에서도 개혁은 한 사람만의 힘으로는 도저히 달성하기 어려운 까닭이다.

이 책에 등장하는 과학의 고전들은 제목은 어디서 한 번 들어 봤어도 읽은 적은 없는 책들이 대부분이 아닐까 싶다. 사실 나도 이 책을 집필하며 처음으로 원전을 읽은 것들이 많았다. 읽다 보면 이해할 수 있는 부분이 많다는 것에 우선 놀랐다. 또 내용이 상당히 재미있었다. 특히 과학에 관한 여러 갈래의 학문이 아직 제대로 확립되지 않았던 시기에 어떻게든 정확하게 기술하여 사람들의 관심을 이끌어 내고자 노력한 과학자들의 마음이 하나하나 전해져 왔다. 과학자들은 자신이 발견한 사실을 모쪼록 세상에 널리 알리고 싶다는 강한 열정으로 책을 쓴 것이다.

그리고 과학은 정말 재미있는 학문이라고 다시 한 번 깨닫게 되었다. 나는 지구과학 전공자이긴 하지만 물리학, 생물학, 화학, 천문학 전반에 깊은 흥미를 갖고 있다. 아마도 학생 시절에 교과서는 왜 이렇게 무미건조하게 쓰인 거냐는, 거의 분노에 가까운 감정을 느낀 적이 있기 때문일 것이다.

뭐라 해도 '진짜'는 역시 뛰어난 것이다. 세상에는 과학과 관련된 일 또는 자연과학 자체를 외면하거나 싫어하는 사람들이 상당히 많은데, 그런 사람들이 이 책을 통해 '과학자의 청춘'은 과연 어떤 것인지 접할 수 있는 기회가 되면 좋겠다는 바람을 가져 본다. 덧붙여 이 책을 쓰면서 "과학을 확립한 사람들은 역시 위대하다."라는 생각을 갖게 된 것은, 과학자 나부랭이인 나에게도 큰 용기를 얻게 해 준 일이었음을 고백하는 바이다.

  무엇보다도 이 책을 쓰게 된 것은 내게 큰 행운이었다. 그렇지 않았더라면 『프린키피아』나 『상대성 이론』을 제대로 읽을 기회가 없었을 것이기 때문이다.

  이 작은 책을 읽고 과학을 좋아하게 되는 독자가 단 한 명이라도 생겼으면 하는 바람으로 맺음말을 대신한다.

  바쁜 와중에도 나의 원고를 읽고 정성어린 충고를 해 준 교토대학 대학원 인간환경학 연구과의 사카가미 마사아키 교수, 세토구치 히로아키 교수, 이학연구과의 야마기와 주이치 교수에게 감사를 드린다.

  『성공술-시간의 전략』에 이어 두 번째 책을 함께하면서 뛰어난 일솜씨를 보여 준 문예춘추의 카와무라 씨에게 감사를 드린다.

  이 책이 나오기까지 도와주신 모든 분들께 마음속 깊은 곳에서 우러나는 감사를 드린다.

교토 오카자키의 집에서

가마타 히로키

---

* 이 책은 나의 전문 분야를 뛰어넘는 다양한 분야를 다루고 있으므로 나의 오독이나 잘못된 이해로 틀린 부분이 있을지도 모르겠다. 만일 문제되는 부분을 발견하시면 나의 홈페이지(http://www.gaia.h.kyoto-u.ac.jp/~kamata)에 올려 주시거나 이메일로 알려 주시면 감사하겠다.